土木建筑工人职业技能考试习题集

瓦 工

刘 超 主编

中国建筑工业出版社

图书在版编目（CIP）数据

瓦工/刘超主编．—北京：中国建筑工业出版社，
2014.6

（土木建筑工人职业技能考试习题集）

ISBN 978-7-112-16792-0

Ⅰ.①瓦…　Ⅱ.①刘…　Ⅲ.①瓦工—技术培训—
习题集　Ⅳ.①TU754.2-44

中国版本图书馆 CIP 数据核字（2014）第 088486 号

土木建筑工人职业技能考试习题集

瓦　工

刘　超　主编

*

中国建筑工业出版社出版、发行（北京西郊百万庄）
各地新华书店、建筑书店经销
北京永峥印刷有限公司制版
北京云浩印刷有限责任公司印刷

*

开本：850×1168 毫米　1/32　印张：5⅝　字数：150 千字
2014 年 9 月第一版　2014 年 9 月第一次印刷
定价：**18.00** 元
ISBN 978-7-112-16792-0
（25437）

本习题集根据现行职业技能鉴定考核方式，分为初级工、中级工、高级工三个部分，采用填空题、判断题、选择题、简答题、计算题、实际操作题的形式进行编写。

　　本习题集主要以现行职业技能鉴定的题型为主，针对目前土木建筑工人技术素质的实际情况和培训考试的具体要求，本着科学性、实用性、可读性的原则进行编写。可帮助准备参加技能考核的人员掌握鉴定的范围、内容及自检自测，有利于建筑工程工人岗位等级培训与考核。

　　本书可作为土木建筑工人职业技能考试复习用书。也可作为广大土木建筑工人学习专业知识的参考书。还可供各类技术院校师生使用。

*　　*　　*

责任编辑：胡明安
责任设计：李志立
责任校对：陈晶晶　赵　颖

前　言

随着我国经济的快速发展，为了促进建设行业职工培训、加强建设系统各行业的劳动管理，开展职业技能岗位培训和鉴定工作，进一步提高劳动者的综合素质，受中国建筑工业出版社的委托，我们编写了这套《土木建筑工人职业技能考试习题集》，分10个工种，分别是：《木工》、《瓦工》、《混凝土工》、《钢筋工》、《防水工》、《抹灰工》、《架子工》、《砌筑工》、《建筑油漆工》、《测量放线工》。本套习题集根据现行职业技能鉴定考核方式，分为初级工、中级工、高级工三个部分，采用选择题、判断题、简答题、计算题、实际操作题的形式进行编写。

本套书的编写从实践入手，针对目前土木建筑工人技术素质的实际情况和培训考试的具体要求，以贯彻执行国家现行最新职业鉴定标准、规范、定额和施工技术，体现最新技术成果为指导思想，本着科学性、实用性、可读性的原则进行编写，本套习题集适用于各级培训鉴定机构组织学员考核复习和申请参加技能考试的学员自学使用，可帮助准备参加技能考核的人员掌握鉴定的范围、内容及自检自测，有利于建筑工程工人岗位等级培训与考核。本套习题集对于各类技术学校师生、相关技术人员也有一定的参考价值。

本套习题集的内容基本覆盖了相应工种"岗位鉴定规范"对初、中、高级工的知识和技能要求，注重突出职业技能培训考核的实用性，对基本知识、专业知识和相关知识有适当的比重分配，尽可能做到简明扼要，突出重点，在基本保证知识连贯性的基础上，突出针对性、典型性和实用性，适应土木建筑工人知识与技能学习的需要。由于全国地区差异、行业差异及企业差异较大，使用本套习题集时各单位可根据本地区、本行业、本单位的具体情况，适当增加或删除一些内容。

本书由广州大学市政技术学院（广州市市政职业学校）的刘超主编。

在编写过程中参照了部分培训教材，采用了最新施工规范和技术标准。由于编者水平有限，书中难免存在若干不足甚至错误之处，恳请读者在使用过程中提出宝贵意见，以便不断改进完善。

编　者

目　录

第一部分 初级瓦工

1.1 填空题

1. 条形基础由<u>垫层、大放脚、基础墙</u>三部分组成。
2. 砂浆中微沫剂的掺量以水重的<u>0.007~0.01</u>倍为宜。
3. 窨井按用途分为<u>上水管道</u>和<u>下水管道</u>两种。
4. 抗震设防地区，在墙体内放置拉结筋一般要求沿墙高每<u>500mm</u>设置一道。
5. 砖过梁上与过梁呈<u>60°</u>角的三角范围内不可以设置脚手眼。
6. 房屋建筑按使用性质分为<u>工业建筑、民用建筑、科学试验建筑</u>。
7. 施工图中，用<u>YP</u>字母组合代表雨篷。
8. 毛石砌体拉结石的长度要求是墙厚的<u>2/3</u>以上。
9. 风玫瑰可以表示该地区每年的<u>风向频率</u>。
10. 轻骨料空心砌块的规格为<u>390mm×190mm×190mm</u>，与砂浆的粘结力较差。
11. 天沟底部的薄钢板伸入瓦下面应不少于<u>150mm</u>。
12. 毛石墙每天的砌筑高度不得超过<u>1.2m</u>。
13. 当日最低气温低于<u>-15℃</u>时，砌筑承重砌体的砂浆强度等级应按常温施工提高一级。
14. 毛石基础有<u>台阶形和锥台式</u>两种。
15. 承放暖气沟盖板的排砖应用<u>丁砖</u>砌筑。
16. 挂线长超过<u>20m</u>时，要用腰线砖托住准线。

17. 基槽外侧0.5m以内不可以堆放物料。

18. 相对标高是以所建房屋的首层室内地面的高度作为零点。

19. 砌筑化粪池的关键是正确留置预留洞。

20. 檐口瓦挑出檐口不少于50mm。

21. 檐口瓦的盖瓦应适当抬高30~50mm，俗称"望檐"

22. 每块标准黏土砖干燥时重约为2.5kg，吸水后重约为3kg。

23. 砖砌体轴线位移允许偏差为≤10mm。

24. 砖砌体水平灰缝厚度宜10mm，10皮平均8~12mm。

25. 砌体表面平整度允许偏差为（混水墙）8mm。

26. 砌体水平灰缝平直度允许偏差为（混水墙）10mm。

27. 门窗洞口高、宽度允许偏差为±5mm。

28. 外墙上下窗口偏移允许偏差为20mm。

29. 水平灰缝砂浆饱满度应达到≥80%。

30. 每层砖砌体垂直度允许偏差为5mm。

31. 安装5m以上的模板，应搭设脚手架。

32. 桩基础通过桩承台来传递荷载。

33. 瓦的出檐按规范规定应为50~70mm。

34. 瓦的用途是铺盖于坡屋面起防水作用。

35. 建筑物按耐火程度分为4级。

36. 平屋顶一般是指坡度小于10%的屋顶。

37. 在钢筋混凝土梁中，混凝土主要承受压力。

38. 平行于投影面的线，其正投影图为直线。

39. 荷载按作用的性质可分为恒荷载和活荷载。

40. 平面汇交力系平衡的必要和充分条件是多边形自行封闭。

41. 砖墙砌筑一层以上或4m以上高度时，应设安全网。

42. 小砌块砌体砂浆必须密实饱满，竖向灰缝的砂浆饱满度不得低于80%，水平灰缝的砂浆饱满度应按净面积计算，不得低于90%。

43. 砌筑砂浆所用的石灰膏的熟化时间不得少于7d。

44. 凡坡度大于15%的屋面称为坡屋面。

45. 化粪池的埋至深度一般均大于3.0m，且要在冻土层以下。

46. 砌体外露面的砂浆保护层的厚度不应小于12mm。

47. 挂平瓦时，第一行檐口瓦伸出檐口60mm，并应拉通线找直。

48. 烟囱每天的砌筑高度宜控制在1.6～1.8m。

49. 竹脚手架一般都搭成双排，限高50m。

50. 屋面瓦施工做脊时，脊瓦盖住平瓦的边必须大于40mm，且脊瓦内砂浆饱满密实。

1.2 判断题

1. 单层厂房的支撑系统主要是为了加强排架构造的空间刚度和整体稳定性。（√）

2. 普通黏土砖的强度等级是由抗压强度等级来控制的。（×）

3. 间隔式基础大放脚每两皮砖放出1/4砖与每1皮砖放1/4砖相间隔。（√）

4. 冷摊瓦屋面的构造方法是在檩条上钉缘条，缘条上钉挂瓦条，直接进行挂瓦。（√）

5. 石灰是一种水硬性胶凝材料。（×）

6. 数日连降雨水，砌砖时就不用再浇水，并应减小砂浆的稠度。（√）

7. 接槎处灰浆密实，砖缝平直，每处接槎部位水平灰缝厚度小于5mm或透亮的缺陷不超过10个的砌体质量等级为合格（√）

8. 向屋面运瓦时，由于人手少，可安排上完一面坡再上另

一面坡。（×）

9. 提高砂浆强度可以提高建筑物的抗震能力。（√）

10. 比例尺是用来缩小或放大图样的度量工具。（√）

11. 固定铰支座只能承受垂直力，不能承受水平力。（×）

12. 常见过梁有砖栱过梁、钢筋砖过梁、钢筋混凝土过梁。（×）

13. 施工图中，字母 WB 代表屋面板。（√）

14. 百格网的用途是检查砌体的竖缝的灰浆饱满度。（×）

15. 砌块的搭接错缝应不少于 1/3 砌块高，且不小于 15cm。（√）

16. 受冻而脱水风化的石灰膏可使用。（×）

17. 现场气温如大于 30℃，水泥砂浆应在 4h 内用完。（×）

18. 砖砌体水平灰缝和立缝最小不得小于 8mm。最大不得大于 12mm，以 10mm 为宜。（√）

19. 塞尺是用来测量墙柱的垂直度和平整度的。（×）

20. 砌块墙在施工分段处或临时间歇处应留直槎。（×）

21. 基本项目每次抽检的处、件应符合相应质量检验评定标准的合格规定，其中有 50% 及其以上的处、件符合优良规定，该项即为优良。（√）

22. 轴线就是建筑物的中心线（×）

23. 水泥出厂日期超过 3 个月，不经试验鉴定可以使用。（×）

24. 清水墙面的破活最好赶在窗下不明显的地方。（√）

25. 为增强墙身的横向拉力，毛石墙每 0.7m² 的墙面至少应设置一块拉结石。（√）

26. 砌体临时间断处高度差不得超过 4m。（×）

27. 进入施工现场人员必须正确戴好安全帽，系好下颚带。（√）

28. 生石灰熟化石灰膏时，应用网过滤并使其充分熟化，熟化时间不得少于 7d。（√）

29. 以所建房屋的首层室内地面的高度作为零点，写作±0.000，是绝对标高。（×）

30. 构造柱可以增强房屋的竖向整体刚度。（√）

31. 木屋面板瓦屋面的构造方法是在檩条或缘条上钉屋面板，在屋面板上直接挂瓦。（×）

32. 黏土砖吸水率越高质量越好。（×）

33. 线坠的垂线与托线板的墨线重合表示垂直。（√）

34. 为书写方便，在施工图中，用汉语拼音字母代表构件名称，如 TGB 表示天沟板。（√）

35. 干净的海水可用做砂浆的拌合用水。（×）

36. 有高低台的基础，应从低处砌起，并由高台向低台塔接。（√）

37. 百格网的用途是检查砌体水平缝砂浆的饱满度。（√）

38. 反映水泥性能的指标主要是水泥的强度等级、凝结时间、安定性等。（√）

39. 脚手架上放毛石不得超过 3 层。（×）

40. 冬期施工，为了有利于砌体强度的增长，应对砌块预先浇水湿润（×）

41. 在施工图中，所有的图纸都是以米为单位的。（×）

42. 墙体有受力作用、围护作用，分隔作用、装饰作用几种（×）

43. 砌出檐砖时，应先砌顶砖，锁住后再砌第二皮出檐砖。（√）

44. 砌 370 墙时，应先砌顶砖，锁住后再砌条砖。这样砌出来的墙面质量较好，效率也高（×）

45. 标准黏土砖的尺寸是 240mm×115mm×53mm，每块砖干燥时约为 2.5kg，吸水后约为 3kg。

46. 皮数杆就是在小方杆上画出砖的皮数。（×）

47. 瓦的用途是铺盖于坡屋面，起防水作用。（√）

48. 掺食盐的抗冻砂浆比掺氯化钙的抗冻砂浆强度增长要

快。（√）

49. 拌合砂浆时，如果没有磅秤，各种原材料可以不用计量就进行拌合。（×）

50. 单排脚手架每平方米推料不得超过270kg。双排脚手架每平方米推料不得超过540kg。（×）

51. 风压力荷载由迎风面的墙面承担。（×）

52. 检验圆水准器的目的是检查圆水准器轴是否平行于视平线。（×）

53. 钢筋砖过梁的钢筋端头弯钩应为180°，并且平放在水平灰缝中。（×）

54. 方尺用于检查砌体转角的垂直平整度。（×）

55. 24墙上不准走人，但37墙以上的墙可以走人。（×）

56. 混水填充墙砌到梁底或板底时，可以与平面交角45°~60°的斜砌砖顶紧。（√）

57. 石墙勾缝前也要浇水润湿。（√）

58. 砌窨井时，每个台班或每座井并应留设一组砂浆试块。（√）

59. 冬期施工围墙时，也可用白灰砂浆砌筑。（×）

60. 砖面层铺砌在沥青玛琋脂结合层上时，基层要刷冷底子油或沥青稀胶泥，砖块要预热。（√）

61. 施工人员在脚手架上可多人集中在一起讨论施工方法，但不准玩笑打闹。（×）

62. 材料的耐火极限是根据使用要求而确定的。（×）

63. 施工中遇到恶劣天气或5级以上大风，烟囱要暂停施工，大风大雨要先查架子是否安全，然后才能作业。（√）

64. 在瓦屋面上行走时，要踩在瓦的中间，不要踩在瓦头上，防止踩坏瓦，造成漏雨。（×）

65. 排水管就位应从低处向高处，承插口应位于低的一端。（×）

66. 总平面图是建筑施工图。（×）

67. 空斗墙作填充墙时，与框架拉结筋的连接处以及预埋件处要砌成空心墙。（×）

68. 石灰砂浆有较高的和易性，有利于披灰法操作。（√）

69. 砌毛石基础砂浆用的砂子可不过筛。（√）

70. 下层使用炉灶时，上层厨房冒烟可能是副烟道过早进入主烟道造成拔风不够引起的。（√）

71. 筒栱施工人员传砖时，要搭设脚手架，站人的脚手板宽度应不小于20cm。（×）

72. 炉栅的高度应是灶面高度减去锅的高度和炉膛高度。（√）

73. 圈梁应沿墙顶做成连续封闭的形式。（√）

74. 砂浆的使用温度不应低于±5℃。（×）

75. 排水管道接口环箍抹灰应平整密实，无断裂，宽度基本一致。（√）

76. 空斗墙作框架结构的填充墙时，与框架拉结筋连接宽度内要砌成实心砌体。（√）

77. 大铲用于铲灰、铺灰和刮浆，是实施"三一"砌筑法的关键工具。（√）

78. 施工图的比例是1:100，则施工图上的39mm表示实际上的3.9m。（√）

79. 空斗墙砌筑不够整砖时，可砍制成七分头或半砖。（×）

80. 高温干燥季节，上午砌筑的砌体，下午就应该洒水养护（√）

81. 毛石砌体的拉结石要上下层相互错开，在端上呈梅花形分布，并且要在里外两面交错放置。（√）

82. 天沟斜沟、檐沟和泛水做法符合施工规范规定，结合严密，无渗漏，其质量可评为优良。（×）

83. 建筑工程施工必须坚持安全第一，预防为主的方针。（√）

84. 土建施工图的看图方法是"由里向外看，由小到大看，由细到粗看。图样与说明互相看，建施与结施对着看，设备图纸最后看"。（×）

85. 托线板是用来检查墙的垂直和平整用的。（√）

86. 钢筋砖过梁的第一皮砖应砌成顺砖。（×）

87. 砌毛石基础砂浆用的砂子可不过筛。（√）

88. 承插口有裂缝但无缺口的排水管仍可使用。（×）

89. 国家标准规定，建筑总平面图上的室外绝对标高用黑色三角形表示。（√）

90. 吸水率高的砖容易遭受冻害的侵袭，一般用于外墙等部位。（×）

91. 建筑物的耐久性等级是根据试验结果确定的。（√）

92. 砌弧形碹时，拱座的坡度线要与胎模垂直。（×）

93. 砌砖墙时，与构造柱连接处应砌成大马牙槎，牙槎沿高度方向不应超过 50cm。（×）

94. 砌块排列时，要以主要规格为主，次要规格为辅，尽量不镶砖。（√）

95. 闭水试验是管道从铺设到安管完毕养护结束后，进行质量检查的一个方法。（√）

96. 电动机械和电动手持工具，要用闸刀开关控制。（×）

97. 砖墙砌到现浇楼板底时，砌低一皮砖目的是使楼板的支撑混凝土加厚，支承点得到加强。（√）

98. 檐口瓦伸出长度过大，就可能在大风时被刮掉。（√）

99. 预埋拉结筋留置间距偏差超过 3 皮砖时，其质量属于合格。（×）

100. 建筑工程施工图能十分准确表达建筑物的外形轮廓，大小尺寸，结构构造，材料种类及施工方法。（√）

101. 纺织厂的厂房是民用建筑。（×）

102. 大铲用来做涂抹摊铺砂浆、砍削砖块、打灰条及发碹。（×）

103. 基础墙首层砖要用丁砖排砌，并保证与下部大放脚错缝搭砌。（√）

104. 发弧形坡时，立缝要与胎模面保持垂直。（√）

105. 砌筑出檐墙时，要先砌墙角，后砌墙身。（×）

106. 石砌体的角石要求至少有两个平正且近于垂直的大面。（√）

107. 砌块砌筑前不需要浇水润湿。（×）

108. 如果是坡屋面，烟囱要超出屋脊至少50cm以上。（√）

109. 龙门板上标有轴线位置，且上平是建筑物的±0.00。（√）

110. 服从领导和安全检查人员的指挥，工作思想集中，坚守作业岗位，未经许可，不得从事非本工种作业，严禁酒后作业。（√）

111. 用粗砂拌制的砂浆，保水性较差。（×）

112. 施工人员认为施工图设计不合理，可以进行更改。（×）

113. 在地坑、地沟砌砖时，严禁塌方并注意地下管线、电缆等。（√）

114. 砌块在砌筑前浇水湿润，是为了施工方便。（×）

115. 空斗墙在室内地坪以下全部砌成实心砌体，地坪以上全部砌成空斗墙。（×）

116. 水平灰缝太厚，可能会使砌体产生滑移，对墙体结构不利。（√）

117. 采用掺盐砂浆砌筑时，应对拉结筋做防腐处理。（√）

118. 安全管理包括安全施工与劳动保护两个方面的管理工作。（×）

119. 在坡屋面上行走时，要面向屋脊或斜向屋脊，防止滑倒。（√）

120. 砂浆中添加微沫剂可改善砂浆的塑性和保水性。（√）

121. 缸瓦管无漏釉，无裂缝，敲击时，能发出清脆的金属

声音的是合格品。(√)

122. 校正砌块时，可在灰缝中塞石子或砖片。(×)

123. 小青瓦铺设，一般要求瓦面上下搭接2/3。(√)

124. 小青瓦屋面封檐板平直的允许偏差是8mm。(√)

125. 绘制房屋建筑图时，一般先画平面图然后画立面图和剖面图等。(√)

126. 在基础施工时，要经常检查边坡情况，发现有裂缝或其他情况，要采取措施后才能继续作业。(√)

127. 鸭嘴笔画线时，应使笔位于行笔方向的铅垂面内并使两叶片同时接触纸面。(√)

128. 基础的最后一皮砖要砌成丁砖为好。(√)

129. 毛石基础正墙身的最上一皮要选用较为直长，及上表面平整的毛石作为条砌块。(×)

130. 三层房屋外墙底层窗台标高以下部分要砌成空心墙。(√)

131. 砖柱排砖时应使砖柱上下皮砖的竖缝相互错开1/2砖或1/4砖长。(√)

132. 砌筑多跨或双跨连续单曲栱屋面时，可施工完一跨再施工另一跨。(×)

133. 预制混凝土块路面铺设稳固，有轻微松动的板块不超过检查数量的5%，无缺楞掉角现象质量应评为合格。(√)

134. 椽子与每个檩条的交接处都要用钉子钉牢。(√)

135. 在冬期施工中，砂浆被冻，可加入80℃的热水重新搅拌后再使用。(×)

136. 计算工程量时，基础大放脚丁形接头处重复计算的体积要扣除。(×)

137. 进度计划就是对建筑物各分部分项工程的开始及结束时间作出具体的日程安排。(√)

138. 一条线在空间各个投影面上的投影总是一条线。(×)

139. 用防震缝把房屋分成若干个体型简单，具有均匀刚度

的封闭单元，使各个单元独立抗震比整个房屋共同抗震有利。（×）

140. 砌弧形墙在弧度较小处可采用丁顺交错的砌法，在弧度急转弯的地方，也可采用丁顺交错的砌法，通过灰缝大小调节弧度。（×）

141. 质量管理的目的在于以最低的成本在既定的工期内生产出用户满意的产品。（√）

142. 墙体在房屋建筑中有承重作用，分隔作用，围护作用。（√）

143. 在屋盖上设置保温层或隔热层可防止由于收缩和温度变化而引起墙体的破坏。（√）

144. 天然地基就是不经人工处理能直接承受房屋荷载的地基。（√）

145. 定位轴线用细点化线绘制，每条轴线都要编号。（√）

146. 我国以青岛海平面为基准将其高程定为零点。（×）

147. 施工图纸会审的目的是为使施工单位、建设单位有关施工人员进一步了解设计意图及设计要点。（√）

148. 条形基础由垫层、大放脚、基础墙三部分组成。（√）

149. 普通房屋和构筑物为 3 类建筑物，设计使用年限为 50 年。（√）

150. 安定性不合格的水泥，不能用于浇筑混凝土，可以用来拌制砂浆。（×）

151. 国家标准规定：水泥的初凝时间不少于 45min，硅酸盐水泥终凝时间不迟于 6.5h。（√）

152. 水泥储存时间一般不宜超过 3 个月，快硬硅酸盐水泥超过 1 个月应重新试验。（√）

153. 砖的含水量不合要求，干燥的砖能吸收砂浆中的大量水分，影响砂浆的强度也影响砂浆与砖之间的粘结力，从而降低砌体的强度。（√）

154. 吸水率高的砖容易遭受冻害的侵袭，一般用在基础和

外墙等部位。（×）

155. 砌筑用石材一般分为毛石和料石两类。（×）

156. 砂浆中添加微末剂可改善砂浆的塑性和保水性。（√）

157. 麻刀灰的配合比是体积比。（×）

158. 砂浆强度等级检定是用 7.07cm × 7.07cm × 7.07cm 的立方体试块在同条件下养护 28d 后，经过压力试验检测定的。（×）

159. 砌筑砂浆分为水泥砂浆、混合砂浆、石灰砂浆。（√）

160. 砂子按平均粒径可分为粗砂、中砂、细砂三种。（√）

161. 当砖浇水适当而气候干热时，砂浆稠度宜采用 8~10。（√）

162. 石膏砌块砌墙宜用混合砂浆砌筑。（×）

163. 防水砂浆中如加防水粉，可将防水粉直接同砂子拌合。（×）

164. 地面砖铺砌用 1:3 干硬性水泥砂浆（体积比），以手握成团，落地开花为准。使用于普通砖、缸砖地面。（×）

165. 玻璃瓦用陶土烧制加釉而成，具有立体感，有防水性能。（√）

166. 磨细生石灰粉其熟化时间不小于 1d。（√）

167. 砌 370 墙时先砌丁砖后砌条砖，这样砌出来的墙面质量较好，效率也高。（×）

168. 毛石砌体的组砌形式一般有两种：丁顺分层组砌法和交错混合组砌法。（×）

169. 毛石墙的砌筑要领为：搭、压、拉、槎、垫。（√）

170. 基坑(槽)施工时一般不考虑地面水流入坑沟内。（×）

171. 人工开挖土方时，两个人操作间距应保持 1~2m，并应自上而下逐层挖掘。（×）

172. 地锚一般用钢丝绳、钢管、钢筋混凝土预制件、圆木等埋入地下做成。（√）

173. 钢丝绳可以任意选用，且可超负荷使用。（×）

174. 在拆除作业前，施工单位应检查建筑内各类管线情况，确认全部切断后方可施工。（√）

175. 当临街的被拆建筑物与交通道路的安全距离不能满足要求时，必须采取相应的安全隔离措施。（√）

176. 施工中发现不明物体，应停止施工，采取相应的应急措施，保护好现场并向上级领导报告。（√）

177. 搅拌机作业时，当料斗升起时，严禁任何人在料斗下停留或通过。（√）

178. 砂浆搅拌机运转时，不得用手或木棒等伸进搅拌筒内或在筒口清理砂浆。（√）

179. 搅拌机在作业期较长的地区使用时，可用支腿将搅拌机支起。（√）

180. 防护棚在拆除时，应设警戒区，并设专人监护，可以同时上下拆除。（×）

181. 施工现场停电的操作顺序是：开关箱→分配电箱→总配电箱。（√）

182. 普通烧结砖的强度等级是由抗压强度等级来控制的。（×）

183. 间隔式基础大放脚是每两皮砖收进 1/4 砖与每一皮砖收进 1/4 砖相间隔。（√）

184. 冷摊瓦屋面的构造方法是在檩条上钉椽条，椽条上钉挂瓦条直接进行铺瓦。（√）

185. 窨井按用途分为上水管道窨井和下水管道窨井两种。（√）

186. 条型基础由垫层、大放脚、基础墙三部分组成。（√）

187. 砂浆中微沫剂的掺入量以水泥用量的 0.5/10000 ~ 1/10000 为宜。（√）

188. 常见过梁有砖栱过梁、钢筋砖过梁、钢筋混凝土过梁、现浇砖过梁。（×）

189. 施工图中字母 WB 代表屋面板。（√）

190. 小青瓦的铺设，一般要求瓦面上下搭接 2/3。（√）

191. 现场气温如大于 30℃，水泥砂浆应在 4h 内用完。（×）

192. 塞尺是用来测量墙柱的垂直度和平整度的。（×）

193. 砌块墙在施工分段处或临时间歇处应留直槎。（×）

194. 轴线就是建筑物的中心线。（√）

195. 水泥出厂日期超过 3 个月，不经试验鉴定可以使用。（×）

196. 清水墙面的破活最好赶在窗下不明显的地方。（√）

197. 砌体临时间断处的高度差不得超过 4m。（×）

198. 生石灰熟化成石灰膏时，应用网过滤并使其充分熟化，熟化时间不得少于 7d。（√）

199. 以所建房屋的首层室内地面的高度作为零点，写作 ±0.000 是绝对标高。（×）

200. 木屋面板平瓦尾面的构造方法是在檩条或椽条上钉屋面板，在屋面板上直接挂瓦。（×）

201. 普通砖吸水率越高质量越好。（×）

202. 为书写方便，在施工图中，用汉语拼音字母代表构件名称，如 TGB 表示天沟板。（√）

203. 瓦的主要用途是铺盖于坡屋面上起防水作用。（√）

204. 拌合砂浆时，如果没有磅秤，各种原材料可以不用计量就进行拌合。（×）

205. 单排脚手架每平方米堆料不得超过 2700N，双排脚手架每平方米堆料不得超过 5400N。（×）

206. 风玫瑰可以表示该地区每年的风向频率。（√）

207. 240 墙上不准走人，但 370 的墙上可以走人。（×）

208. 施工图中，用"YP"字母组合代表雨篷。（√）

209. 在瓦屋面上行走时，要踩在瓦的中间不要踩在瓦头上，防止踩坏瓦，造成漏雨。（×）

210. 排水管就位应从低处向高处，承插口应位于低的一端。（×）

211. 总平面图是建筑施工图。（×）

212. 石灰砂浆有较高的和易性，有利于披灰法操作。（√）

213. 天沟底部的薄钢板伸入瓦下面应不少于150mm。（√）

214. 当日最低气温低于－15℃时，砌筑承重砌体的砂浆强度等级应按常温施工提高一级。（√）

215. 砌炉灶时，放炉栅和留进风槽最基本的要求是使炉火保持在锅底中心。（√）

216. 等局式大放脚是每皮砖一收，每次收入1/4砖的长度。（×）

217. 挂线长超过20m时，要用腰线砖托住准线。（√）

218. 发弧形碹时，立缝要与胎模面保持垂直。（√）

219. 砌块砌筑前不需要浇水润湿。（×）

220. 砌筑化粪池的关键是正确留置预留洞。（√）

221. 基础正墙首层砖要用丁砖排列，并保证与下部大放脚错缝搭砌。（√）

222. 勾缝的顺序是先上后下，先勾横缝，后勾竖缝。（√）

223. 土建工程质重的优劣会直接影响建筑物的使用寿命。（√）

224. 安装工程应和土建工程同步完成（×）

225. 石灰膏的熟化时间不少于3d。（×）

226. 装饰工程属于土建工程的一部分。（×）

227. 素混凝土地面内不含钢筋。（√）

228. 土建工程施工主要依据初步设计图。（×）

229. 砖混结构工程中柱、梁、板混凝土内可以不配钢筋。（×）

230. 七层以上教学楼工程应采用砖混结构工程。（×）

231. 一般六层以下居民楼属于砖混结构工程。（√）

232. 抹灰工只在土建施工时浇筑混凝土。（×）

233. 水泥、砂、石灰膏、水是砌筑砂浆的主要材料。（√）

234. 底层抹灰主要起与基层的粘结作用。（√）

235. 中层抹灰主要起装饰作用。（×）

236. 顶棚抹灰时须做灰饼和冲筋。（×）

237. 外墙抹灰须冲筋和做灰饼。（√）

238. 普通砖砌体砌筑前不需要选砖。（×）

239. 砌砖墙时可以用包心砌法。（×）

240. 抹灰的主要目的是满足使用和美观要求。（√）

241. 抹压完成后的水泥地面不需要养护。（×）

242. 铺贴大理石地面属于土建工程的一部分。（×）

243. 砖砌体的水平灰缝厚度为 15mm。（×）

244. 砖墙每天砌筑高度可以超过 2.0m。（×）

245. 外窗台抹灰时应做出坡度和滴水线。（√）

1.3 选择题

1. 表述建筑物局部构造和节点的施工图是（B）。

A. 剖面图　　B. 详图　　C. 平面图　　D. 俯视图

2. 建筑物的耐火等级分为（B）。

A. 3　　B. 4　　C. 5　　D. 12

3. （B）不能达到较高强度，但和易性较好，使用操作起来方便，广泛地用于工程中。

A. 水泥砂浆　B. 混合砂浆　C. 石灰砂浆　D. 防水砂浆

4. 钢筋砖过梁在配筋长度范围内的砌体砂浆强度等级要比砌墙用砂浆提高一级。砌的高度为跨度的（B）。

A. 1/2　　B. 1/4　　C. 1/8　　D. 1/16

5. 平瓦的铺设，挂瓦条分档均匀，铺钉牢固，瓦面基本整齐，质量应评为（A）。

A. 合格　　B. 不合格　　C. 良　　D. 优良

6. 普通黏土砖一等品的长度误差不得超过（C）。

A. ±2mm　　B. ±4mm　　C. ±5mm　　D. ±7mm

7. 安装过梁时，发现过梁有一条微小的通缝（B）。

A. 可以使用　　　　　B. 不可以使用

C. 修理后可以使用　　D. 降低等级使用

8. 铺盖屋面瓦片时，檐口处必须搭设防护设施，顶层脚手板外排立杆高出檐口，设（C）道护身栏。

A. 1　　B. 2　　C. 3　　D. 4

9. 灰砂砖是用石灰和砂子加水加工成的，其成分为（C）。

A. 砂子 50% ~60%，石灰 34% ~50%

B. 砂子 70% ~78%，石灰 22% ~30%

C. 砂子 88% ~90%，石灰 10% ~12%

D. 砂子 80% ~86%，石灰 14% ~20%

10. 空斗墙的水平灰缝和竖向灰缝的宽度一般为 10mm，但其偏差为（C）。

A. 不应小于也不应大于 13mm

B. 不应小于 8mm，也不应大于 12mm

C. 不应小于 6mm，也不应大于 14mm

D. 不应小于 5mm，也不应大于 15mm

11. 在同一皮砖层内一块顺砖一块丁砖间隔砌筑的砌法是（B）。

A. 满丁满条砌法　　B. 梅花丁砌法

C. 三顺一丁砌法　　D. 顺砌法

12. 为了增强房屋整体的刚度和墙体的稳定性，需设置（D）。

A. 构造柱　　B. 连系梁　　C. 圈梁　　D. 支撑系统

13. M5 以上砂浆用砂，含泥量不得超过（B）。

A. 2%　　B. 5%　　C. 10%　　D. 15%

14. 班组（C）组织一次质量检查。

A. 每周　　B. 每旬　　C. 每月　　D. 每季度

15. 窗台出檐砖的砌法是在窗台标高下一层砖，根据分口线把两头的砖砌（A）。

A. 过分口线 6cm，出墙面 6cm

B. 过分口线 6cm，出墙面 12cm

C. 过分口线 12cm，出墙面 6cm

D. 过分口线 12cm，出墙面 12cm

16. 基础墙身偏移过大的原因是（A）。

A. 大放脚收台阶时两边收退不均匀

B. 砌大放脚时准线绷得时松时紧

C. 砌块尺寸误差过大

D. 砂浆稠度过大造成墙体滑动

17. 挂平瓦时，靠脊瓦的一排平瓦伸入脊瓦应不小于（B）。

A. 20mm   B. 40mm   C. 60mm   D. 120mm

18. 一般高 2m 以下的门口每边放（B）块木砖。

A. 2   B. 3   C. 4   D. 5

19. 钢筋砖过梁的钢筋两端伸入砖体内不小于（D）。

A. 60mm   B. 120mm   C. 180mm   D. 240mm

20. 基槽边（B）以内禁止堆料。

A. 50mm   B. 100mm   C. 150mm   D. 200mm

21. 砌筑明沟，其明沟中心线（C）。

A. 要在檐口中心线外边   B. 要在檐口中心线里边

C. 与檐口中心线重合   D. 可随便设置

22. 混水墙水平灰缝平直度为（C）mm。

A. 5   B. 7   C. 10   D. 20

23. 连续 10d 内平均气温低于（A）℃时，砌筑工程即按冬期施工进行。

A. 5   B. 10   C. 15   D. 30

24. 配制微沫剂水溶液时，所需热水温度不得低于（D）。

A. 22℃   B. 30℃   C. 50℃   D. 70℃

25. 建筑业在国民经济中所处地位（A）。

A. 重要   B. 不重要   C. 一般   D. 无关紧要

26. 雨期施工，砂浆的稠度应当减小，每日砌筑高度不宜超过（C）。

A. 1. 8m   B. 4m   C. 1. 2m   D. 1. 5m

27. 水泥有机塑化剂和冬期施工中掺用的氯盐等的配料精确度应控制在（A)%以内。

A. ±2   B. ±5   C. ±7   D. ±10

28. 砌体砂浆必须密实饱满，实心砖砌体水平灰缝的砂浆饱满度不少于（C）。

A. 70%   B. 75%   C. 80%   D. 85%

29. 轴线间尺寸，建筑物外形尺寸，门窗洞及墙垛的尺寸，墙厚，柱子的平面尺寸，图纸比例等在（B）中表示。

A. 总平面图   B. 平面图   C. 立面图   D. 剖面图

30. 砌块砌体在纵横的丁字接头或转角处，不能搭接或搭接长度小于（A）时，应用钢筋片或拉结条连接。

A. 15cm   B. 20cm   C. 25cm   D. 30cm

31. 人民大会堂的耐久年限是（D）。

A. 15~40 年   B. 40~50 年   C. 50~80 年以上   D. 100 年

32. 清水墙面组砌正确，刮缝深度适宜，墙面整洁，质量应评为（A）。

A. 合格   B. 不合格   C. 优良   D. 高优

33. 过梁两端伸入墙内不小于（B）。

A. 120mm   B. 180mm   C. 240mm   D. 360mm

34. 当预计连续 10d 平均气温低于（A），即认为已进入冬期施工。

A. -5℃   B. 0℃   C. ±5℃   D. 10℃

35. 管道铺设出现渗漏的原因是（A）。

A. 基础承载力不够，发生不均匀沉降

B. 养护不及时

C. 坡度不符合设计要求

D. 管材型号不符合质量标准

36. 规范规定留直槎应配置拉结筋是因为（B）。

A. 直槎比斜槎易留置   B. 直槎比斜槎的拉结强度差

C. 直槎比斜槎容易接槎　　D. 直槎接缝灰缝不易饱满

37. 砌炉灶时，炉灶面高度一般不超过（B），如果太高，操作不方便。

A. 50cm　　B. 80cm　　C. 120cm　　D. 150cm

38. 砖砌平碹一般适用于1m左右的门窗洞口，不得超过（B）m。

A. 1.5　　B. 1.8　　C. 2.1　　D. 2.4

39. 砌筑砂浆任意一组试块强度不得小于设计强度的（A）。

A. 75%　　B. 85%　　C. 90%　　D. 100%

40. 挂平瓦时，屋面坡度大于（B）时，所有的瓦都要用钢丝固定。

A. 15°　　B. 30°　　C. 45°　　D. 60°

41. 经过人工处理才能提高承载能力，承受房屋全部荷载的土层称为（A）。

A. 人工地基　B. 条形基础　C. 桩基　D. 整体式基础

42. 砖浇水过多及遇雨天，砂浆稠度宜采用（A）。

A. 4～5cm　　B. 5～7cm　　C. 7～8cm　　D. 8～10cm

43. 砂子因粗细的不同，有粗砂、中粗砂、中砂、细砂和特细砂。砌筑砂浆用砂一般以（B）为好。

A. 粗砂　　B. 中砂　　C. 细砂　　D. 特细砂

44. 造成水平灰缝高低不平的原因是（A）。

A. 准线绷得时松时紧　　B. 砂浆稠度过大或过小

C. 砂浆铺的过厚　　　　D. 没有按"三一"砌砖法操作

45. 加气混凝土砌块作为承重墙时，纵横墙的交接处及转角处均应咬槎砌筑，并应沿墙高每米在灰缝内配置2φ6钢筋，每边伸入墙内（B）。

A. 0.5m　　B. 1m　　C. 1.5m　　D. 2m

46. 掺入微沫剂的砂浆要用机械搅拌，拌合时间自投料算起为（C）。

A. 1.5～2min　B. 2～2.5min　C. 3～5min　D. 6～7min

47. 砌筑砂浆中掺入了未经熟化的白灰颗粒，对砌体的影响是（C）。

A. 影响不大　　　　　　　B. 没影响

C. 砌体隆起或开裂　　　　D. 砌体倒塌

48. 烟囱孔不冒烟或冒烟不畅，造成炉门回烟的主要原因是（A）。

A. 烟道在施工中掉入砂浆碎砖等物堵塞

B. 烟道高度不够

C. 主副烟道没分开

D. 炉膛搪涂胶不合要求

49. 清水墙面表面平整度为（C）mm。

A. 3　　B. 4　　C. 5　　D. 8

50. （B）一般应用于基础，长期受水浸泡的地下室墙和承受较大外力的砌体中。

A. 防水砂浆　B. 水泥砂浆　C. 混合砂浆　D. 石灰砂浆

51. 空斗墙壁柱和洞口两侧的（A）范围内要砌成实心砌体。

A. 24cm　　B. 12cm　　C. 36cm　　D. 50cm

52. 砌体接槎处灰缝密实，砖缝平直。每处接槎部位水平灰缝厚度小于5mm或透亮的缺陷不超过（C）个的为合格。

A. 5　　B. 6　　C. 10　　D. 15

53. 施工图的比例是1∶500，则施工图的1mm表示实际的（A）。

A. 500mm　　B. 500cm　　C. 500m　　D. 500km

54. 盘角时，砖层上口高度一般比皮数杆标定的皮数低（C）。

A. 1～5mm　　B. 5mm　　C. 5～10mm　　D. 10～15mm

55. 发碹时，灰缝的厚度（D）。

A. 上口不得超过12mm，下口不得小于8mm

B. 上口不得超过13mm，下口不得小于7mm

C. 上口不得超过 14mm，下口不得小于 6mm

D. 上口不得超过 15mm，下口不得小于 5mm

56. 砖墙与构造柱之间沿高度方向放置的水平拉结筋，每边伸入墙内不少于（B）。

　　A. 50cm　　B. 100cm　　C. 150cm　　D. 200cm

57. 出现"螺丝墙"的主要原因是（C）。

　　A. 皮数杆不标准

　　B. 没有拉通线砌筑

　　C. 操作者将提灰压灰搞反了

　　D. 没有按"三一"砌砖法施工

58. 砌块错缝与搭接小于（B）时，应采用钢筋网片连接加固。

　　A. 60mm　　B. 15cm　　C. 25mm　　D. 25cm

59. 化粪池渗漏的原因是（B）。

　　A. 化粪池混凝土底板强度等级不够

　　B. 抹灰层空裂

　　C. 砂浆强度等级不高

　　D. 灰缝饱满度不够80%

60. 清水墙面勾缝，若勾深，平缝一般凹进墙面约（A）。

　　A. 3～5mm　　B. 5～8mm　　C. 3～4mm　　D. 4～5mm

61. 在平均气温高于（B）时，砖就应该浇水润湿。

　　A. −3℃　　B. +5℃　　C. 0℃　　D. +10℃

62. 说明建筑物所在地的地理位置和周围环境的施工图是（A）。

　　A. 总平面图　　　　B. 平面图

　　C. 建筑施工图　　　D. 建筑结构施工图

63. 稀释后的微沫剂溶液存放时间不宜超过（B）d。

　　A. 3　　B. 7　　C. 10　　D. 15

64. 空斗砖墙水平灰缝砂浆不饱满，主要原因是（A）。

　　A. 砂浆和易性差　　B. 准线拉线不紧

C. 皮数杆没立直 　　D. 没按"三一"法操作。

65. 清水墙面游丁走缝的允许偏差是（C）。

A. 10mm 　　B. 15mm 　　C. 20mm 　　D. 1/4 砖长

66. 常温下施工时，水泥混合砂浆必须在拌成后（C）h 内使用完毕。

A. 2 　　B. 3 　　C. 4 　　D. 8

67. 冻结法施工时，跨度大于（B）的过梁应采用预制构造。

A. 0.3m 　　B. 0.7cm 　　C. 1.2m 　　D. 1.8m

68. 在墙体上梁或梁垫下及其左右各（B）的范围内不允许设置脚手眼。

A. 20cm 　　B. 50cm 　　C. 60cm 　　D. 100cm

69. 砂子按（D）不同可分为粗砂、中粗砂、中砂、细砂和特细砂。

A. 用途 　　B. 队设计要求 　　C. 重量 　　D. 粒径大小

70. 在空气中受到火烧或高温作用时，容易起火或微热，且火源脱离后仍继续燃烧或微燃的材料是（C）。

A. 不燃体 　　B. 易燃烧体 　　C. 燃烧体 　　D. 难燃烧体

71. 当准线长度超过（C）时，准线会因自重而下垂，这时要在墙身中间砌上一块腰线砖，托住准线。

A. 10m 　　B. 15m 　　C. 20m 　　D. 50m

72. 清水墙面组砌正确，竖缝通顺，刮缝深度适宜一致，楞角整齐，墙面清洁美观，质量应评为（D）。

A. 不合格 　　B. 合格 　　C. 优良 　　D. 高优

73. 砌体相邻工作段的高度差，不得超过一个楼层的高度，也不宜大于（D）m。

A. 1.2 　　B. 1.8 　　C. 2.5 　　D. 4

74. 毛石基础大放脚上下层未压砌的原因是（B）。

A. 设计不合理 　　B. 操作者未按规程施工

C. 毛石尺寸偏小 　　D. 基槽内没作业面

75. 筒栱模板安装时，栱顶模板沿跨度方向的水平偏差不应超过该点总高的（C）。

A. 1/10　　B. 1/20　　C. 1/200　　D. 1/400

76. 地漏和供排除液体用的带有坡度的面层，坡度满足排除液体需要，不倒泛水，无渗漏，质量应评为（B）。

A. 不合格　　B. 合格　　C. 优良　　D. 高优

77.（B）标明了外墙的装饰要求，所用材料及做法。

A. 平面图　　B. 立面图　　C. 剖面图　　D. 详图

78. 砌体使用时要提前两天浇水，以水浸入砌体四周（B）以上为好。

A. 10mm　　B. 15mm　　C. 20mm　　D. 25mm

79. 砖瓦工砌墙时依靠（C）来掌握墙体的平直度。

A. 线坠　　B. 托线板　　C. 准线　　D. 瓦格网

80. 平砌钢筋砖过梁一般用于（C）宽的门窗洞口。

A. 1m　　B. 1～1.8m　　C. 1～2m　　D. 2～2.5m

81. 清水墙抠缝，深度一般为（D）。

A. 3～5mm　　B. 5～8mm　　C. 5mm　　D. 10mm

82. 预留构造柱截面的允许偏差是（B）。

A ±5mm　　B. ±10mm　　C. ±20mm　　D. 10mm

83. 每层石砌体中每隔（C）左右要砌一块拉结石。

A. 0.5m　　B. 0.7m　　C. 1m　　D. 1.5m

84. 采用转抱角砌毛石墙时，第二个五皮砖要伸入毛石墙身（B）。

A. 1/4 砖长　　B. 1/2 砖长　　C. 1 砖长　　D. 1 砖半长

85. 砌块砌体的竖缝宽度超过3cm时，要灌（D）。

A. 水泥砂浆　　B. 高强度水泥砂浆

C. 混合砂浆　　D. 细豆石混凝土

86. 如果是坡层面，烟囱要超出屋脊至少（A）。

A. 50cm　　B. 100cm　　C. 150cm　　D. 200cm

87. 后塞口门窗洞口的允许偏差是（A）。

24

A. ±5mm　　B. ±10mm　　C. ±3mm　　D. ±20mm

88. 化粪池混凝土底板厚度超过（C）时要分层浇筑。

A. 100mm　　B. 150mm　　C. 300mm　　D. 500mm

89. 凡坠落高度在（B）以上有可能坠落的高处进行的作业成为高处作业。

A. 1m　　B. 2m　　C. 4m　　D. 6m

90. 建筑物的定位轴线是用（A）绘制的。

A. 细点划线　　B. 中实线　　C. 虚线　　D. 细实线

91. 椽条的间距视青瓦的尺寸大小而定，一般为青瓦小头宽度的（D）。

A. 1/2　　B. 2/3　　C. 3/4　　D. 4/5

92. 砂浆中微沫剂的掺量一般为水泥重量的（B）。

A. 0.05%　　B. 0.05‰　　C. 2%　　D. 0.1%

93. 混合砂浆强度不满足要求的主要原因是（B）。

A. 配合比不正确　　B. 计量不标准

C. 砂子太粗　　D. 砂子未过筛

94. 毛石墙砌成夹心墙的原因是（A）。

A. 未按规定设置拉结石

B. 夹缝中垫碎石过多

C. 墙体厚度过大显得毛石形体过小。

D. 竖向灰缝过大

95. 砌块砌体的水平灰缝厚度要控制在（D）。

A. 8～23mm 之间　　B. 7～13mm 之间

C. 8～15mm 之间　　D. 10～20mm 之间

96. 抗震设防烈度在（C）度以上的建筑物，当普通砖和空心砖无法浇水湿润时，如无特殊措施，不得施工。

A. 7　　B. 8　　C. 9　　D. 12

97. 铺盖屋面瓦时，顶层脚手面应在檐下（D）处，并满铺脚手板。

A. 0.5m　　B. 0.5～1m　　C. 1m　　D. 1.2～1.5m

98. 毛石墙的轴线允许偏差不得超过（B）。

A. 10mm　　B. 15mm　　C. 25mm　　D. 50mm

99. 下水管道闭水试验合格后回填土时，在管子周围（B）范围内不准打夯。

A. 20cm　　B. 30cm　　C. 50cm　　D. 100cm

100. 能经受（B）以上高温作用的砖称为耐火砖。

A. 1000℃　　B. 1580℃　　C. 2350℃　　D. 3560℃

101. （A）标明了门窗的编号和开启方向。

A. 平面图　　B. 立面图　　C. 剖面图　　D. 详图

102. 建筑物的耐久性等级是根据（B）划分的。

A. 结构构造形式　　B. 使用要求

C. 使用形式　　　　D. 承重材料

103. 空斗墙的水平灰缝厚度和竖向灰缝宽度一般为 10mm，但（B）。

A. 不应小于 8mm，也不应大于 12mm

B. 不应小于 7mm，也不应大于 13mm

C. 不应小于 8mm，也不应大于 14mm

D. 不应小于 5mm。也不应大于 15mm

104. 工具车轮轴线的总宽度应小于（B），以便于通过内门橙。

A. 600mm　　B. 900mm　　C. 1000mm　　D. 1200mm

105. 构造柱位置留置应正确，大马牙槎要先退后进，（A）为优良。

A. 上下顺直　　　　B. 上下基本顺直

C. 偏差不超过 1/4 砖　　D. 偏差不超过 1cm

106. 盘角完毕后，拉通线检查砖墙槎口是否有抬头或低头现象，并与相对盘角者核对砖的皮数是为了（D）。

A. 方便砌墙　　　　B. 使砖墙水平

C. 使砖缝薄厚一致　　D. 防止出现错层

107. 窗台出虎头砖要向外有（C）的泛水。

A. 2% B. 2mm C. 2cm D. 2‰

108. 施工中遇到恶劣天气或（B）以上大风，高层建筑要暂停施工，大风大雨后要先检查架子是否安全，然后才能作业。

A. 3 级 B. 5 级 C. 6 级 D. 12 级

109. 清水墙面勾缝污染的原因是（C）。

A. 墙面没浇水湿润 B. 没有开不砖缝

C. 托灰板接触墙面 D. 勾缝溜子太大

110. 砌石砂浆的稠度应为（A）。

A. 3 ~ 5mm B. 6 ~ 8mm C. 8 ~ 10mm D. 11 ~ 12mm

111. 坡屋面挂瓦时，脚手架的高度应超出檐口（C）。

A. 50cm B. 60cm C. 100cm D. 120cm

112. 拌制好的水泥砂浆的施工时，如果最高气温超过30℃，应控制在（B）h 之内用完。

A. 1 B. 2 C. 3 D. 4

113. 表示房屋承受荷载的结构构造方法，尺寸，材料和构件详细构造方式的施工图是（B）。

A. 建筑施工图 B. 建筑结构施工图

C. 平面图 D. 立面图

114. 砖在（C）次冻融循环后，烘干，如果重量损失在2%以内，强度损失不超过25%，即认为抗冻性符合要求。

A. 5 B. 10 C. 15 D. 5

115. 凡坡度大于（B）的屋面成为坡屋面。

A. 10% B. 15% C. 15° D. 30°

116. 基础分段砌筑必须留踏步槎，分段砌筑的相差高度不得超过（A）。

A. 1. 2m B. 1. 5m C. 1. 8m D. 4m

117. 砌体要上下错缝，每间无（B）皮砖的通缝为优良。

A. 3 B. 4 C. 6 D. 10

118. 门窗洞口先立门框的，砌砖时要离开框边（A）左右，不能顶死，防止门框受挤变形。

A. 3mm　　B. 5mm　　C. 6mm　　D. 10mm

119. 钢筋混凝土水池满水试验中，允许渗水量不得超过（A）L／（m²·d）。

A. 2　　B. 2.5　　C. 3　　D. 3.5

120. 砌毛石墙身选墙面石的原则是（B）。

A. 选三面都比较方正且比较大的

B. 有面取面，无面去凸

C. 超过墙厚2/3

D. 最小边不得小于15cm

121. 砌块必须错缝搭接，搭接长度应有砌块长的（A）或不少于砌块高的1/3。

A. 1/2　　B. 1/4　　C. 60mm　　D. 25mm

122. 脊瓦搭盖正确，封固严密，屋脊和斜脊顺直，质量应评为（A）

A. 合格　　B. 不合格　　C. 优良　　D. 高优

123. 挂平瓦时，第一行檐口瓦伸出檐口（C）并应拉通线找直。

A. 20mm　　B. 40mm　　C. 60mm　　D. 120mm

124. 跨度小于1.2m 的砖砌平栱过梁，拆模日期应在砌完后（C）。

A. 5d　　B. 7d　　C. 15d　　D. 28d

125. （B）是班组管理的一项重要内容。

A. 技术交底　　B. 经济分配　　C. 质量管理　　D. 安全管理

126. 在构造柱与圈梁相交的节点处应适当加密柱的箍筋，加密范围在圈梁上下不应小于1/6层高或45cm，箍筋间距不宜大于（A）。

A. 10cm　　B. 15cm　　C. 20cm　　D. 25cm

127. 纸上标注的比例是 1：1000，则图纸上的 10mm 表示实际的（C）。

A. 10mm　　B. 100mm　　C. 10m　　D. 10km

128. 毛石墙每一层水平方向间距（B）左右要砌一块拉结石。

A. 0.5m　　B. 1m　　C. 1.5m　　D. 3m

129. 基础墙表面不平的主要原因是（D）。

A. 砂浆稠度过大　　B. 砖尺寸不标准

C. 轴线不准　　　　D. 未双面挂线

130. 单曲砖拱与房屋的前后檐相接处，应留出（C）伸缩的空隙。

A. 5mm　　B. 5~15mm　　C. 20~30mm　　D. 50mm

131. 混水异形墙的砌筑，异形角处的错缝搭接和交角咬合处错缝，至少（C）砖长。

A. 1/2　　B. 1/3　　C. 1/4　　D. 1/5

132. 画基础平面图时，基础墙的轮廓线应画成（C）。

A. 细实线　　B. 中实线　　C. 粗实线　　D. 实线

133. 构造柱断面一般不小于 180mm×240mm，主筋一般采用（C）以上的钢筋。

A. $4\phi6$　　B. $4\phi10$　　C. $4\phi12$　　D. $4\phi16$

134. 墙与构造柱连接，砖墙应砌成大马牙槎，每一大马牙槎沿高度方向不宜超过（B）。

A. 4 皮砖　　B. 6 皮砖　　C. 8 皮砖　　D. 10 皮砖

135. 拉结石要至少在满墙厚（C）能拉住内外石块。

A. 1/2　　B. 1/3　　C. 2/3　　D. 3/4

136. 工程中的桥梁与桥墩的连接情况是（A）。

A. 一端采用固定铰支座，一端采用滚动铰支座

B. 两端都是滚动铰支座

C. 一端是固定端支座，一端是固定铰支座

D. 一端是固定端支座，一端是滚动铰支座

137. 弧形墙外墙面竖向灰缝偏大的原因是（B）。

A. 砂子粒径大　　B. 没有加工楔形砖

C. 排砖不合模数　　D. 游丁走缝

138. 空斗砖墙水平灰缝砂浆不饱满，主要原因是（B）。

A. 使用的是混合砂浆　　B. 砖没浇水

C. 皮数杆不直　　　　　　D. 叠角过高

139. 单曲砖栱砌筑时，砖块应满面抹砂浆，灰面上口略厚，下口略薄，要求灰缝（A）。

A. 上口不超过 12mm，下口在 5 ~ 8mm 之间

B. 上面在 15 ~ 20mm 之间，下面在 5 ~ 8mm 之间

C. 上面不超过 15mm，下面在 5 ~ 7mm 之间

D. 上面不超过 20mm，下面不超过 7mm

140. 板块地面面层的表面清洁，图案清晰，色泽一致，接缝均匀，周边顺直，板块无裂纹、掉角和缺棱等现象，质量应评为（C）。

A. 不合格　　B. 合格　　C. 优良　　D. 高优

141. 小青瓦屋面操作前要检查脚手架，脚手架要稳固至少要高出屋檐（C）以上并做好围护。

A. 0.5m　　B. 0.6m　　C. 1m　　D. 1.5m

142. 有一墙长 50m，用 1：100 的比例画在图纸上，图纸上的线段应为（C）。

A. 5mm　　B. 50mm　　C. 500mm　　D. 5000mm

143. 毛石砌体组砌形式合格的标准是内外搭砌，上下错缝，拉结石、丁砌石交错设置，拉结石（C）m² 墙面不少于 1 块。

A. 0.1　　B. 0.5　　C. 0.7　　D. 1.2

144. 砖栱的砌筑砂浆应用强度等级（C）以上和易性好的混合砂浆，流动性为 5 ~ 12cm。

A. M1.0　　B. M2.5　　C. M5　　D. M7.5

145. 铺砌缸砖地面表面平整度应是每米（B）。

A. 3mm　　B. 4mm　　C. 6mm　　D. 8mm

146. 砖薄壳，双曲砖栱以及薄壁圆形砌体或栱结构，外挑长度大于 18cm 的挑檐，钢筋砖过梁和跨度大于 1.2m 的砖砌平栱等结构，在冬期施工时，不能采用（B）。

A. 抗冻砂浆法　B. 冻结法　C. 蓄热法　D. 快硬砂浆法

147. 建筑物檐口有顶棚、外墙高不到顶，但又没注明高度尺寸，则外墙高度算到屋架下弦底再加（B）。

A. 19cm　　B. 25cm　　C. 30cm　　D. 1/4 砖长

148. 空心砖墙面凹凸不平，主要原因是（C）。

A. 墙体长度过长　　　　B. 拉线不紧

C. 拉线中间定线　　　　D. 砂浆稠度大

149. 空心墙砌到（A）以上高度时是砌墙最困难的部位，也是墙身最易出毛病的时候。

A. 1. 2m　　B. 1. 5m　　C. 1. 8m　　D. 0. 6m

150. 雨期施工时，每天的砌筑高度要求不超过（C）。

A. 1. 2m　　B. 1. 5m　　C. 2m　　D. 4m

151. 基础等高式大放脚是每两皮一收，每次收进（B）砖。

A. 1/2　　B. 1/4　　C. 1/8　　D. 3/4

152. 空心砖墙要求纵横墙交错搭接，上下皮错缝搭砌，搭砌长度不小于（A）。

A. 60mm　　B. 120mm　　C. 180mm　　D. 150mm

153. 构造柱一般设在墙角纵横墙交接处，楼梯间等部位其断面不应小于（B）。

A. 180mm × 180mm　　　B. 180mm × 240mm

C. 240mm × 240mm　　　D. 240mm × 360mm

154. 非承重墙和承重墙连接处应沿墙每 50cm 高配置 2φ6 拉结筋，每边伸入墙内（B），以保证房屋整体的抗震性能。

A. 0. 5m　　B. 1m　　C. 1. 5m　　D. 2m

155. 有抗震要求的房屋承重外墙尽端到门窗洞口的边最少应大于（B）。

A. 0. 5m　　B. 1m　　C. 1. 2m　　D. 1. 5m

156. 在国际标准计量单位中，力的单位是（C）。

A. 公斤　　B. 市斤　　C. 牛顿　　D. 吨

157. 毛石基础轴线位置偏移不超过（B）。

A. 10mm   B. 20mm   C. 25mm   D. 50mm

158. 用特制的楔形砖砌清水弧形碹时，砖的大头朝上，小头朝下，此时灰缝要求是（D）。

A. 上部为 15～20mm，下部为 5～8mm

B. 上部为 8～10mm，下部为 5～8mm

C. 上部为 15～20mm，下部为 7～13mm

D. 上下灰缝厚度一致

159. 清水大角与砖墙在接槎处不平整原因是（B）。

A. 砖尺寸不规格   B. 清水大角不放正

C. 灰缝厚度不一致   D. 挂线不符合要求

160. 为加强空斗墙与空心墙的结合部位的强度，砂浆强度等级不应低于（B）。

A. M1.0   B. M2.5   C. M5   D. M7.5

161. 双排脚手架的承载能力是（A）。

A. 3000N/m²   B. 5400N/m²

C. 3600N/m²   D. 4800N/m²

162. 单曲栱可作为民用建筑的楼盖或适用于地基比较均匀、土质较好的地区，跨度不宜超过（B）。

A. 2m   B. 4m   C. 18m   D. 24m

163. 砖面层铺砌在沥青玛琋脂结合层上，当环境温度低于5℃时，砖块要预热到（C）左右。

A. 15℃   B. 30℃   C. 40℃   D. 60℃

164. 檐口瓦挑出搪口不小于（B），应挑选外形整齐，质量较好的小青瓦。

A. 20mm   B. 50mm   C. 70mm   D. 100mm

165. 当预计（D）内的平均气温低于 +5℃时或当日最低气温低于 -3℃时，砌筑施工属于冬期施工阶段。

A. 3d   B. 5d   C. 7d   D. 10d

166. 基础大放脚水平灰缝高低不平原因是（B）。

A. 砂浆不饱满   B. 准线没收紧

C. 舌头灰未清出　　D. 留样不符合要求

167. 弧形碹的石碹座要求垂直于石碹轴线，石碹座以下至少（A）皮砖要用 M5 以上的混合砂浆砌筑。

A. 5　　B. 8　　C. 10　　D. 1/4 跨高

168. 空斗墙上过梁，可做平碹式、平砌式钢筋砖过梁，当用于非承重的空斗墙上时，其跨度不宜大于（C）。

A. 1m　　B. 1. 25m　　C. 1. 75m　D. 2. 1m

169. 1/2 砖厚单曲砖栱的纵向灰缝为通长直缝，横向灰缝相互错开（A）砖长。

A. 1/2　　B. 1/4　　C. 1/3　　D. 20mm

170. 高温季节，砖要提前浇水，以水浸入砖周边（C）为宜。

A. 略浇水润湿　　B. 1. 5cm　　C. 2cm　　D. 2. 5cm

171. 定额管理主要包括（A）。

A. 劳动定额管理和材料定额管理

B. 劳动定额管理和机械定额管理

C. 机械定额管理和材料定额管理

D. 预算定额管理和劳动定额管理

172. 某砌体受拉力，发现阶梯形裂缝，原因是（A）。

A. 砂浆强度不足　　B. 砖的强度不足

C. 砂浆不饱满　　　D. 砂浆和易性不好

173. 按照国家标准，图纸标高和总平面图的尺寸以（C）为单位。

A. mm　　B. cm　　C. m　　D. km

174. 我国采用的地震烈度表划分为（D）个等级。

A. 8　　B. 9　　C. 10　　D. 12

175. 用砖石等压强高的材料建造的基础是（A）。

A. 刚性基础　B. 柔性基础　C. 条型基础　　D. 筏式基础

176. 毛石基础台阶的高宽比不小于（A）。

A. 1：1　　B. 1：2　　C. 1：3　　D. 1：4

177. 基础砌砖前检查发现高低偏差较大，应（A）。

A. 用 C10 细石混凝土找平　　　B. 用砌筑砂浆找平

C. 在砌筑砂浆中加石子找平　　　D. 砍砖包盒子找平

178. 砖栱砌筑时，栱座下砖墙砂浆强度应达到（C）以上。

A. 25%　　B. 50%　　C. 70%　　D. 85%

179. 变形缝有（B）种。

A. 2　　B. 3　　C. 4　　D. 5

180. 混水墙水平灰缝平直度为（C）mm。

A. 5　　B. 7　　C. 10　　D. 20

181. 配制微沫剂水溶液时，所需热水温度不得低于（D）。

A. 22℃　　B. 30℃　　C. 50℃　　D. 70℃

182. 建筑业在国民经济中所处的地位（A）。

A. 重要　　B. 不重要　　C. 一般　　D. 无关紧要

183. 雨期施工，砂浆的稠度应当减小，每日砌筑高度不宜超过（C）。

A. 1.8m　　B. 4m　　C. 1.2m　　D. 1.5m

184. 水泥有机塑化剂和冬期施工中掺用的氯盐等的配料精确度应控制在（A）%以内。

A. ±2　　B. ±5　　C. ±7　　D. ±10

185. 砌体砂浆必须密实饱满，实心砖砌体水平灰缝的砂浆饱满度不少于（C）。

A. 70%　　B. 75%　　C. 80%　　D. 85%

186. 轴线间尺寸，建筑物外形尺寸，门窗洞及墙垛的尺寸，墙厚，柱子的平面尺寸，图纸比例等在（B）中表示。

A. 总平面图　　B. 平面图　　C. 立面图　　D. 剖面图

187. 砌块砌体在纵横的丁字接头或转角处，不能搭接或搭接长度小于（A）时，应用钢筋片或拉结条连接。

A. 15cm　　B. 20cm　　C. 25cm　　D. 30cm

188. 下列砌筑方法不是古建筑中墙体的组砌形式的是（D）。

A. 满丁满条十字缝砌法　　　B. 一顺一丁砌法

C. 三顺一丁砌法　　　　D. 梅花丁砌法

189. 冬期施工对砌筑砂浆材料的要求（C）。

A. 砂的温度不低于40℃　　B. 水温不低于80℃

C. 宜采用普通硅酸盐水泥　　D. 外加剂不得用盐

190. 雨期施工时，每天的砌筑高度要求不宜超过（A）。

A. 1.2m　　B. 1.5m　　C.2m　　D.4m

191. 砌6m以上清水墙时，对基层检查发现第一皮砖灰缝过大，应用（C）细石混凝土找到与皮数杆相吻合的位置。

A. C10　　B. C15　　C. C20　　D. C25

192. 用轻骨料混凝土小型空心砌块或蒸压加气混凝土砌块砌筑墙体时，墙底部应砌烧结普通砖或多孔砖，或普通混凝土小型空心砌块，或现浇混凝土坎台等，其高度不宜小于（C）。

A. 120mm　　B. 150mm　　C. 200mm　　D. 240mm

193. 毛石墙的勾缝，外露面的灰缝厚度不得大于（A）mm。

A. 40　　B. 50　　C. 60　　D. 30

194. 空心砖砌块的堆放高度一般不宜超过（C）m。

A. 1.2　　B. 1.4　　C. 1.6　　D. 1.8

195. 双曲连续砖栱，栱跨最大不超过（B）m，矢高根据建筑物要求而定。

A. 12　　B. 24　　C. 36　　D. 15

196. 筒栱模板安装时，任何点的竖向偏差不应超过该点栱高的（B）。

A. 1/100　　B. 1/200　　C. 1/300　　D. 1/400

197. 水准尺上的刻度最小为（A）mm。

A. 5　　B. 10　　C. 1　　D. 0.1

198. 某一砌体，轴心受拉破坏，沿竖向灰缝和砖块一起断裂，主要原因是（B）。

A. 砂浆强度不足　　B. 砖抗拉强度不足

C. 砖砌前没浇水　　D. 砂浆不饱满

199. 房屋的砌体在大梁下产生裂缝的原因是（A）。

A. 砌体局部抗压能力不足　　B. 荷载过大

C. 温度升高墙体开裂　　　　D. 不均匀沉降

200. 分布在房屋的墙面两端的内外纵墙和横墙的八字裂缝，产生的原因是（C）。

A. 地基不均匀下沉　　　　　B. 砌体强度不足

C. 材料的线膨胀系数相差较大　　D. 组砌方法不正确

201. 窗台墙上部产生上宽下窄裂缝，其原因是（B）。

A. 窗洞口太大　　B. 砌体抗拉强度不足

C. 地基软弱　　　D. 没设置圈梁

202. 房屋可能发生微凹形沉降，（A）的圈梁作用较大。

A. 基础顶面　B. 中间部位　C. 檐口部位　D. 隔层设置

203. 砖砌体轴心受拉时，一般沿竖向和水平灰缝成锯齿形或阶梯形拉断破裂，不是造成这种情况的原因的是（C）。

A. 砂浆层本身的强度不足

B. 砖与砂浆之间的粘接强度不足

C. 砖的抗拉强度较弱

D. A 和 B

204. 构造柱混凝土强度等级不应低于（B）。

A. C10　　B. C15　　C. C20　　D. C30

205. 我国采用的地震烈度表划分为（D）个等级。

A. 8　　B. 9　　C. 10　　D. 12

206. 抗震设防地区砌墙砂浆一般要用（B）以上砂浆。

A. M2. 5　　B. M5　　C. M7. 5　　D. M10

207. 构造柱与墙结合面，宜做成马牙槎并沿墙高每隔（A）设置拉结筋，每边伸入墙内不小于1m。

A. 500mm　　B. 600mm　　C. 700mm　　D. 800mm

208. 下列关于房屋抗震措施叙述不正确的是（A）。

A. 窗间墙的宽度应不大于1m

B. 无锚固的女儿墙的最大高度不大于50cm

C. 不应采用无筋砖砌栏板

D. 预制多孔板在梁上的搁置长度不少于8cm

209. 墙体改革的根本途径是（A）。

A. 实现建筑工业化　　　B. 改革黏土砖烧结方法
C. 使用轻质承重材料　　D. 利用工业废料

210. 砌体结构材料的发展方向是（D）。

A. 高强、轻质、节能

B. 大块、节能

C. 利废、经济、高强、轻质

D. 高强、轻质、大块、节能、利废、经济

211. 细墁地砖要加工（C）个面。

A. 2　　B. 3　　C. 5　　D. 4

212. 砖墁地面的油灰缝的宽度不得超过（D）。

A. 1mm　　B. 3mm　　C. 5mm　　D. 7mm

213. 非承重黏土空心砖用做框架的填充墙时，砌体砌好
（C）以后，与框架梁底的空隙，用普通黏土砖斜砌敲实。

A. 当天　　B. 1d　　C. 5d　　D. 7d

214. 影响构造柱强度、刚度和稳定性，影响结构安全和使
用年限的质量事故是（C）。

A. 小事故　　B. 一般事故　　C. 重大事故　　D. 特大事故

215. 水泥体积安定性不合格，应按（A）处理。

A. 废品　　　　　　　B. 用于次要工程

C. 配置水泥砂浆　　　D. 用于基础垫层

216. 空斗墙的纵横墙交接处，其实砌宽度距离中心线两边
不小于（B）。

A. 240mm　　B. 370mm　　C. 490mm　　D. 120mm

217. 砖的浇水适当而气候干热时，砂浆稠度应采用(A)cm。

A. 5~7　　B. 4~5　　C. 6~7　　D. 8~10

218. 钢筋砖过梁的砌筑高度应该是跨度的（B），并不少于
7皮砖。

A. 1/3　　B. 1/4　　C. 1/5　　D. 1/6

219. 跨度小于1.2m的砖砌平栱过梁，拆模日期应在砌完后（C）。

A. 5d　　B. 7d　　C. 15d　　D. 28d

220. 砂中的含泥重不应超过（C）。

A. 1%　　B. 3%　　C. 5%　　D. 8%

221. 水泥砂浆中水泥用量不应小于（B）kg/m³。

A. 100　　B. 200　　C. 300　　D. 400

222. 七层以上的工民建工程应采用（C）结构。

A. 土木　B. 砖石结构　C. 钢筋混凝土　D. 砌体结构

223. 国家标准规定，水泥的初凝时间不得早于（B）min。

A. 30　　B. 45　　C. 60　　D. 90

224. 抹灰砂浆中砂子主要起（A）作用。

A. 骨料　　B. 填充　　C. 粘结　　D. 防水

225. 内墙抹灰的厚度按规范应小于（B）mm。

A. 15　　B. 25　　C. 30　　D. 40

226. 顶棚抹灰的厚度应小于（C）mm。

A. 10　　B. 15　　C. 20　　D. 30

227. 水泥存放时地面垫板高度应离地（C）mm。

A. 100　　B. 200　　C. 300　　D. 500

228. 屋面板的代号是（B）。

A. WL　　B. WB　　C. TL　　D. KL

229. 石灰膏不能在（C）中硬化。

A. 空气　　B. 氧气　　C. 水　　D. 油

230. 面层抹灰主要起（C）作用。

A. 粘结　　B. 找平　　C. 装饰　　D. 防水

231. 楼地面抹灰找平后，应抹压（C）遍。

A. 1　　B. 2　　C. 3　　D. 4

232. 天然砂的粒径在（B）mm以下。

A. 2.5　　B. 5　　C. 3　　D. 4

233. 石灰膏是由（A）熟化而成的。

A. 生石灰　　B. 大理石　　C. 石灰石　　D. 方解石

234. 石灰膏的熟化时间不应少于（D）d。

A. 5　B. 6　C. 4　D. 7

235. 砂浆搅拌时间不少于（B）min。

A. 1　B. 2　C. 1.5　D. 4

236. 当气温超过30℃时，砂浆应在拌成后（C）h内用完。

A. 1.5　B. 2　C. 3　D. 4

237. 水泥存放时间不宜超过（B）个月。

A. 1　B. 3　C. 5　D. 7

238. 砖墙水平灰缝厚度为（B）mm。

A. 8　B. 8~10　C. 10　D. 10~12

239. 砌砖时砖的水平灰缝砂浆饱满度不得小于（C）。

A. 75%　B. 85%　C. 80%　D. 70%

240. 六层以下居民楼一般采用（B）结构。

A. 砖木　　B. 砖混　　C. 钢筋混凝土　　D. 钢结构

241. 袋装水泥的堆垛高度一般不超过（B）袋。

A. 8　B. 10　C. 9　D. 7

242. 砖墙每天砌筑高度不得超过（A）m。

A. 1.8　B. 1.5　C. 1.6　D. 2.5

243. 底层抹灰主要起与基层的（B）作用。

A. 找平　　B. 粘结　　C. 装饰　　D. 加固

244. 砖墙的垂直度偏差不超过（C）。

A. 5mm　B. 8mm　C. 10mm　D. 18mm

245. 冬期施工砖墙时，对水加热不得超过（B）℃。

A. 50　B. 80　C. 70　D. 100

246. 内外墙交接处必须留料槎，槎子长度不应小于墙体高度的（B）。

A. 1/3　B. 2/3　C. 1/2　D. 1/5

247. 砖墙与构造柱之间的拉结钢筋每边伸入墙内不应少于（A）。

A. 1m   B. 0.8m   C. 1.2m   D. 3m

248. 砖墙与构造柱之间的拉结钢筋应在墙体每升高（C）cm 设置一层。

A. 30   B. 45   C. 50   D. 90

249. 基础顶面防潮层的厚度一般为（B）mm。

A. 15   B. 20   C. 25   D. 45

250. 基础砖墙的轴线位置偏移允许误差为（A）。

A. 10mm   B. 8mm   C. 5mm   D. 2mm

251. 抹灰所用的玻璃丝的长度应当为（A）cm 左右。

A. 1   B. 2   C. 3   D. 4

252. 楼地面抹灰找平后，应抹压（C）遍。

A. 1   B. 2   C. 3   D. 4

253. 建筑施工砖墙抹灰，抹灰层水泥砂浆的配合比一般要求为（B）。

A. 1:1   B. 1:2.5   C. 1:4   D. 1:6

254. 面层抹灰主要起（C）作用。

A. 粘结   B. 找平   C. 装饰   D. 防风

255. 建筑砌体砂浆中麻刀的长度一般为（B）cm。

A. 1   B. 2~3   C. 5   D. 8

256. 内墙抹灰的厚度按规定应小于（B）。

A. 15   B. 25   C. 30   D. 40

257. 浇水润砖墙时要求水渗入墙面（B）mm。

A. 5~10   B. 10~20   C. 20~40   D. 50

258. 拌合水泥砂浆时，拌合时间不能少于（B）min。

A. 1   B. 2   C. 3   D. 4

259. 顶棚抹灰的厚度按规定应小于（C）mm。

A. 10   B. 15   C. 20   D. 30

260. 水泥存放时间超过（B）个月时，使用时需要检验。

A. 2   B. 3   C. 4   D. 5

261. 采用铺浆法砌砖时，铺浆长度不得超过（C）cm。

A. 60　　B. 65　　C. 75　　D. 80

262. 抹灰时冲筋的宽度应当控制在（A）cm 左右。

A. 8　　B. 5　　C. 10　　D. 12

263. 抹灰前做灰饼的厚度一般控制在（B）mm。

A. 5～20　　B. 7～25　　C. 7～20　　D. 8～30

264. 砌筑砂浆的分层度不得大于（B）mm。

A. 25　　B. 30　　C. 35　　D. 45

265. 砌体的一般尺寸偏差控制在（A）mm 之间。

A. 5～20　　B. 5～15　　C. 8～15　　D. 6～35

266. 砖砌体灰缝宜为（B）mm。

A. 8　　B. 10　　C. 12　　D. 15

267. 国家标准规定水泥的终凝时间不得迟于（C）h。

A. 6　　B. 9　　C. 12　　D. 15

268. 常用的卷扬机的规格为（B）t。

A. 1～3　　B. 1～5　　C. 1～4　　D. 1～6

269. 脚手眼一般在（B）m 高处开始留设。

A. 0.8　　B. 1　　C. 1.2　　D. 1.5

270. 房屋坡度大于（B）时，操作人员需系安全带和安全绳。

A. 30°　　B. 40°　　C. 50°　　D. 35°

271. 基础回填时若采用人工打夯，回填厚度应不大于（B）。

A. 250mm　　B. 200mm　　C. 150mm　　D. 100mm

272. 灰土的最佳含水重为（A）。

A. 16%　　B. 10%　　C. 12%　　D. 5%

273. 砌筑砖墙时，砖缝的搭接长度应不少于（C）。

A. 1/3 砖长　　B. 1/5 砖长　　C. 1/4 砖长　　D. 1/2 砖长

274. 砌体工程工作段的砌筑高度差不宜大于（B）。

A. 3m　　B. 4m　　C. 5m　　D. 6m

275. 在允许偏差项目中，砖砌体垂直度全墙高为（A）。

A. 10mm   B. 13mm   C. 15mm   D. 25mm

276. 砖砌体外墙上下窗允许偏移（B）。

A. 10mm   B. 20mm   C. 30mm   D. 40mm

277. 浇筑混凝土柱时，每段浇筑高度不宜大于（B）。

A. 1m   B. 2m   C. 1.5m   D. 4m

278. 在雨期施工砖墙时，每日砌筑高度不宜超过（B）。

A. 1.0m   B. 1.2m   C. 1.5m   D. 1.8m

279. 水泥存放于库内时，底垫板离地面高度为（B）。

A. 30mm   B. 20mm   C. 40mm   D. 90mm

280. 混凝土拌合用水其 pH 值不小于（B）。

A. 3   B. 5   C. 6   D. 7

281. 存放于库内的水泥距离墙面不应小于（A）cm。

A. 30   B. 25   C. 20   D. 10

282. 拌制 C10 混凝土时，石子的针片状含量不大于（B）。

A. 30%   B. 40%   C. 50%   D. 60%

283. 浇筑 C30 混凝土时，石子的针片状含量应小于（C）。

A. 20%   B. 10%   C. 15%   D. 5%

284. 浇筑构造柱使用 $\phi30mm$ 振捣棒浇筑层的厚度为（B）。

A. 250mm   B. 340mm   C. 300mm   D. 320mm

285. 砖混结构工程中，构造柱混凝土浇筑完毕后间隔（B）h 再浇筑圈梁混凝土。

A. 0.5~1   B. 1~1.5   C. 1.5~2   D. 2~3

286. 混凝土强度等级是以混凝土试块（C）抗压强度确定的。

A. 21d 龄期   B. 25d 龄期   C. 28d 龄期   D. 7d 龄期

287. 浇筑混凝土时，倾落自由高度不应超过（B）m。

A. 4   B. 2   C. 3   D. 6

288. 堆放预制楼板时，其高度最多放（C）块。

A. 4   B. 5   C. 6   D. 8

289. 对于一般工程屋面防水层合理使用年限为（C）年。

A. 25　B. 15　　C. 10　　D. 8

290. 滴水线的宽度不应小于（B）mm。

A. 8　　B. 10　　C. 5　　D. 3

291. 滴水线的深度不应小于（A）mm。

A. 10　　B. 8　　C. 6　　D. 4

292. 在常温小石灰的熟化时间不应少于（C）d。

A. 13　　B. 14　　C. 15　　D. 18

293. 用水泥砂浆抹面时，每遍抹厚为（C）mm。

A. 3~4　　B. 4~5　　C. 5~7　　D. 6~8

294. 用混合砂浆抹墙面时，每遍抹的厚度为（C）mm。

A. 5~6　　B. 6~7　　C. 7~9　　D. 10~15

295. 外墙喷涂时面层厚度为（B）mm。

A. 1~2　　B. 3~4　　C. 4~5　　D. 5~6

296. 一般抹灰，立面垂直度允许偏差为（C）mm。

A. 2　　B. 3　　C. 4　　D. 5

297. 高级抹灰质量平直度为（C）mm。

A. 1　　B. 2　　C. 3　　D. 4

298. 在常温下水泥砂浆拌制完（A）h内用完。

A. 3　　B. 4　　C. 5　　D. 6

299. 灰土垫层中黏土的颗粒粒径不要大于（B）mm。

A. 10　　B. 15　　C. 20　　D. 25

300. 允许偏差项目中一般抹灰的立面垂直度允许偏差为（C）mm。

A. 2　　B. 3　　C. 4　　D. 5

301. 做地面时要求基层平整密实，基层土的压实系数为（B）。

A. 0.7　　B. 0.9　　C. 0.8　　D. 1.2

302. 室内地面的混凝土垫层纵向伸缩缝间距不要大于(B)mm。

A. 5　　B. 6　　C. 7　　D. 10

303. 室内地面的水泥混凝土垫层横向缩缝不大于（C）mm。

A. 10　　B. 11　　C. 12　　　D. 15

304. 做水泥地面时表面面层水泥砂浆厚度不应小于（B）mm。

A. 15　　B. 20　　C. 25　　D. 30

1.4　简答题

1. 砖墙的砌筑工艺有哪些？

答：砖墙的砌筑工艺一般为：抄平、放线→立皮数杆→（立门口）→排砖撂底→盘角、挂线→铺灰砌砖→勾缝清理。

2. 砌毛石墙的石料和砂浆有哪些要求？

答：砌墙所用石料要求质地坚实，裂痕较少，不易风化剥落和裂缝等疵病，污垢、水锈应除净。所用砂浆的稠度要适当减小。

3. 如何配制浓度为1%的微沫剂水溶液。

答：取微沫剂1kg，放于温度为70℃以上9kg的热水中，强烈搅拌1min左右，即呈现出乳白色。这就是浓度为1%的微沫剂水溶液。

4. 什么叫冷底子油？

答：冷底子油是使各类防水材料与基层更好粘结的冷用油胶粘剂，是用汽油或其他易挥发油类与沥青配制而成。

5. 先立门窗口怎样砌砖？

答：如先立门窗口，砌砖时，砖要离开框边3mm左右，不要太近，把框挤得太紧，这样会造成门窗框变形。

6. 什么叫"三一"砌筑法？

答："三一"砌筑法就是一铲灰、一块砖、一揉挤的砌法，也叫满铺满挤操做法。

7. 什么叫"三检"制？

答：三检制是指"自检、互检、专检"的检查制度。

8. 什么叫高处作业？

答：凡坠落高度基准在2m以上（含2m），有可能坠落的高处进行的作业，均称为高处作业。

9. 为什么砌筑化粪池要特别注意预留洞的位置？

答：（1）孔洞留设的位置正确与否，直接影响使用功能。

（2）孔洞留高了粪便会随水一起溢入管道，不符合排放要求。

（3）孔洞留低了将不能充分发挥化粪池的化粪效果，并降低了使用的容积。

10. 墙身砌筑要遵循哪几项原则？

答：（1）角砖要平，绷线要紧。（2）上灰要准，铺灰要活。（3）上跟线下跟棱。

11. 什么叫大放脚？

答：基础砌体都砌成台阶形式叫做大放脚。

12. 毛石墙勾缝形式有哪几种？

答：平缝，平凹缝，平凸缝，半圆形凹缝，三角形凸缝，半圆形凸缝。

13. "二三八一"操作法的三种弯腰姿势是什么？

答：侧身弯腰，丁字步正弯腰，并列步正弯腰。

14. 什么叫排砖？

答：排砖就是按照基底尺寸线和已定的组砌方式，不用砂浆，把砖在一段长度内整个干摆一层，排砖时要考虑竖直灰缝的宽度，要求山墙摆成丁砖，檐墙摆成顺砖。

15. 砌筑用脚手架的允许荷载是多少？脚手架上放料应注意些什么？

答：脚手架上负荷是不允许超过 $2700N/m^2$。堆砖不得超过三码高，砖要丁头朝外码放；毛石堆放不得超过一层，灰斗和其他材料应分散放置。

16. 什么条件下视为进入冬期施工？

答：砖石施工时，当预计连续 10d 内的平均气温低于 +5℃，即认为进入冬期施工。

17. 圆窖井井壁如何收分？

答：圆井砌筑时应先计算上口与底板直径之差，算出收分尺寸，根据图纸在何层收分，然后逐皮砌筑收分到顶，并留出井座井盖的高度。收分时一定要水平，要经常检查，以免砌成椭圆井或斜井。

18. 砌砖工作的四个基本动作是什么？

答：铲灰、铺灰、取砖、摆砖。

19. 什么叫砌块？

答：砌块是利用机械制成的具有一定规格的一种墙体材料。

20. 瓦刀披灰法如何操作？适用于什么场合？

答：用瓦刀披灰法砌筑时，一手持砖，一手持瓦刀，先用瓦刀在泥桶中刮上砂浆，然后用瓦刀把砂浆正手披在砖的一侧。再反手将砂浆抹满砖的大面，并在另一侧披上砂浆。瓦刀披灰法适用于砌空斗墙、1/4 砖墙、拱碹、窗台、花墙、炉灶等。

21. 什么叫"一步九块瓦"？

答：一步九块瓦是指平瓦屋面中瓦的堆放。以一摞九块瓦均匀摆开，横向瓦堆的间距约为两块瓦长，坡向间距为两根瓦条，呈梅花状放置。这种堆法称为"一步九块瓦。"

22. 红胶泥怎样拌制？

答：红胶泥完全靠手工拌制，一般用手锤砸打，边加水边打，待基本均匀地成为可塑状时，一边加入麻丝段或人发段，一边像做馍馍一样的揉搓。

23. 垃圾道的砌筑有什么要求？

答：垃圾道外面要砌直、砌平，内壁要求较高，不仅要求平直，而且要随砌随用 1:3 水泥砂浆刮平抹好。

24. 我国的安全工作方针是什么？

答：安全第一，预防为主。

25. 什么叫二三八一操作法？

答：二三八一操作法就是把瓦工砌砖的动作过程归纳为二种步法，三种弯腰姿势，八种铺灰手法，一种挤浆动作。叫作"二三八一砌砖动作规范。"简称二三八一操作法。

26. 砖砌体的组砌要遵循哪三条原则？

答：（1）砌体必须错缝。（2）控制水平灰缝厚度。（3）墙体之间按规范规定连接。

27. 砂浆有哪几项技术指标？

答：有三项技术指标：（1）流动性（或称稠度）。（2）保水性。（3）强度。

28. 炉灶砌筑应注意哪些质量问题？

答：应注意下面四个方面的问题：（1）火旺，但燃烧效果差。（2）反栱底弧度不顺，灰缝偏大。（3）炉墙蹿火。（4）栱顶上口灰缝偏大，下口灰缝偏小。

29. 如何解决砌筑工艺中的疑难问题？

答：解决砌筑工艺中的疑难问题大致有以下几种方法：（1）领会和看懂设计图纸，并进行复核、计算，制定施工方法；（2）组织初、中级工，请一些技术人员参加，一起进行讨论，研究解决问题的方法；（3）进行试验或外出学习；（4）总结经验形成文字资料，为今后解决技术难题，积累经验。

30. 如何砌钢筋砖圈梁？

答：钢筋砖圈梁高度一般为 4~6 皮砖。用 M5 以上的砂浆砌筑。纵向钢筋不宜少于 4ϕ6，水平间距不宜大于 120mm，分上下两层设在圈梁顶部和底部的水平灰缝内。

31. 砌体结构材料的发展方向是什么？

答：砌体结构材料的发展方向是高强、轻质、大块、节能、利废、经济。

32. 坡屋面挂瓦的操作工艺顺序？

答：准备工作、运瓦与堆放、做脊、天沟与泛水。

33. 砖基础砌筑的操作工艺顺序是什么？

答：准备工作、拌制砂浆、确定组砌方法、排砖撂底、砌筑和抹防潮层等。

34. 蒸压加气混凝土砌块有什么特点？

答：蒸压加气混凝土是以水泥、石灰、矿渣、砂、粉煤灰、铝粉等为原料，经磨细、计量配料、搅拌浇筑、发气膨胀、静停切割、蒸压养护、成品加工、包装等工序制造而成的多孔实心混凝土砌块。它具有质轻、保温、防火。可锯、能刨、加工方便等优点。一般作为内外墙的建筑砌块，也常用于框架填充的墙体和刚性屋面的保温层。

35. 清水墙勾缝材料有什么要求？

答：勾缝一般使用稠度为 4~5cm 的 1:1~1:1.5 的水泥砂浆，水泥强度等级不低于 42.5 号，砂子要经 3mm 筛子过筛。

36. 砌筑异形砖柱时试摆砖的目的是什么？

答：试摆砖目的是确定砖的排砌方法，使砖柱内外错缝合理，少砍砖又不出现包心砌法，并达到外形美观，进行多次试摆，选择一种合理的排砖方法。

37. 砌块砌筑原则是什么？

答：（1）划分施工段，按施工段顺序进行操作；（2）先远后近，先上后下，先外后内；（3）砌筑时，先立头角，吊一皮，校正一皮；（4）内外墙宜同时砌筑；（5）随砌随落缝随镶砖。

38. 简述清水墙勾缝时开缝的做法。

答：清水墙开缝的方法是：先将墙面清理冲刷干净，然后用粉袋线拉直弹线。开缝要用薄快的扁锥子细致操作，达到勾好缝后，缝道均匀一致，外观顺畅美观。

39. 简述安全生产的六大纪律？

答：（1）进入施工现场必须戴好安全帽，系好安全带；并正确使用个人劳动防护用品。（2）2m 以上的高处、悬空作业，无安全设施的，必须带好安全带，扣好安全钩。（3）高处作业时，不准往下或往上乱抛材料和工具等物件。（4）各种电动机械设备必须有可靠有效的安全接地和防雷装置，方能开动使用。（5）不懂电器和机械人员，严禁使用和玩弄机电设备。（6）吊装区域非操作人员严禁入内，吊装机械设备必须完好，起重臂下方不准站人。

40. 主体结构施工阶段安全生产的控制要点有哪几项？

答：（1）临时用电安全；（2）内外架子及洞口防护；（3）作业面交叉施工及临边防护；（4）大模板和现场堆料防坍塌；（5）机械设备使用安全。

41. 处理安全问题的"四不放过"指的是什么？

答：（1）在调查处理时必须坚持事故原因不清不放过；（2）员工及事故责任人不受到教育不放过；（3）事故隐患不整改不放过；（4）事故责任人不处理不放过。

42. 砌筑砂浆分为几种？

答：分为3种：（1）水泥砂浆；（2）水泥石灰混合砂浆；（3）石灰砂浆。

43. 构造柱与砖墙的连接处、马牙槎应怎样留置？

答：马牙槎的留置顺序是先退后进，300mm高或五皮砖为一步，每一步进、退为60mm。

44. 什么是砂浆？规范对砌筑砂浆的拌合时间有哪些规定？

答：砂浆是由胶凝材料、细骨料、掺合料和水，按一定比例配制成的工程材料。

砌筑砂浆应采用机械搅拌，自投料完算起，搅拌时间应符合：（1）水泥砂浆和水泥混合砂浆不得少于2min；（2）水泥粉煤灰砂浆和掺用外加剂的砂浆不得少于3min；（3）掺用有机塑化剂的砂浆，应为3~5min。

45. 影响砌体抗压强度的因素主要有哪些？

答：（1）块材和砂浆的强度等级。在一定限度内，提高块材和砂浆的强度等级可以提高砌体抗压强度；（2）块材的尺寸。砌体强度随块材厚度增加而增大，随块材长度增加而降低；（3）砂浆的流动性及砌体灰缝的饱满程度；（4）砌合方式；（5）砌筑质量。

46. 施工中或验收时出现哪些情况，需要采用对砂浆或砌体的原位检测来判定其强度？

答：（1）砂浆试块缺乏代表性或试块数量不足；（2）对砂浆试块的试验结果有怀疑或有争议；（3）砂浆试块的试验结果

不能满足设计要求。

47. 简述我国古建筑屋盖的常见类型。

答：（1）庑殿式屋顶：它是一种屋顶前后、左右四面都有斜坡落水的建筑；（2）硬山式屋顶：前后坡，两头山墙封顶；（3）悬山式屋顶：前后坡，但屋架伸出山墙形成悬挑出檐；（4）歇山式屋顶：是庑殿式屋顶和悬山式屋顶相结合的形式。

48. 简述质量事故的处理程序。

答：事故报告→现场保护→事故调查→事故处理→恢复施工。

1.5 计算题

1. 某一下水管道长 80m，设计要求 2‰的坡度，试计算下水管道两端的高差。

【解】$80 \times 2‰ = 0.16m$

答：下水管道两端高差 0.16m。

2. 某一混合砂浆的配合比为 1:0.8:7.5（质量比）。每罐需用水泥 100kg。问每罐应用石灰膏、砂子各多少？

【解】已知每罐用水泥 100kg，则

（1）每罐应用石灰膏为 $100 \times 0.8 \approx 80kg$

（2）每罐应用砂子为 $100 \times 7.5 \approx 750kg$

答：每罐需用石灰膏 80kg，砂子 750kg。

3. 用 400mm×240mm×14mm 的黏土平瓦铺一屋面，屋面为两面坡，长 25m，斜坡长 4m。共需多少块平瓦？

【解】已知每块平瓦的有效面积为 $0.0616m^2$。

先计算一面坡的面积：$25 \times 4 = 100m^2$

一面坡需用平瓦块数：$100 \div 0.0616 = 1623.4$ 块 ≈ 1624 块

整个屋面共需用平瓦：$1624 \times 2 = 3248$ 块

答：共需用黏土平瓦 3248 块。

4. 一组试块，在试验室标准养护 28d，受压时承受的压力平均为 51000N，问此试块的强度等级。已知试块尺寸为 7.07 × 7.07 × 7.07。

【解】（1）试块承受压力的面积为

$$7.07 \times 7.07 = 49.98 \approx 50 \text{cm}^2$$

（2）求得压强为 $51000 \div 50 = 1020 \text{N/cm}^2$

符合 10.2MPa，则试块达到的强度等级为 M10。

答：试块的强度等级为 M10。

5. 一组 M7.5 的水泥砂浆试块（7.07cm × 7.07cm × 7.07cm），在标准养护 28d 后试压，问承受多大压力才能满足要求。

【解】（1）试块受压面积：

$$7.07 \text{cm} \times 7.07 \text{cm} = 49.98 \text{cm}^2 \approx 50 \text{cm}^2 = 5000 \text{mm}^2$$

（2）承受的压力：$7.5 \times 5000 = 37500 \text{N}$

答：承受 37500N 的压力才能满足要求。

6. 试验室下达的 M5.0 的混合砂浆的配合比是水泥:石灰膏:砂 = 200:150:1600（kg）。每搅拌一次需用水泥 50kg。试计算每搅拌一次需石灰膏、砂各多少？

【解】（1）将配合比简化成：$150 \div 200 = 0.75$，$1600 \div 200 = 8$，则配合比可写成：水泥:石灰膏:砂 = 1:0.75:8

（2）计算每搅拌一次用量，根据已知每搅拌一次用石灰膏：

$$50 \times 0.75 = 37.51 \text{kg}$$

每搅拌一次用砂：$50 \times 8 = 400 \text{kg}$

答：每搅拌一次需用石灰膏 37.5kg，砂 400kg。

7. 有一组混合砂浆试块，标准养护 28d 后受压，承受的压力平均为 35000N。问此试块的强度等级是否满足 M5 的要求。试块的尺寸为 7.07cm × 7.07cm × 7.07cm。

【解】（1）试块承受压力的面积为：$7.07 \text{cm} \times 7.07 \text{cm} = 49.98 \text{cm}^2 \approx 50 \text{cm}^2$

（2）求得压强为：$35000 \div 50 = 700 \text{N/cm}^2 > 5 \text{N/mm}^2$

答：此组试块的强度等级为 7MPa，满足 M5 的要求。

8. 为改善水泥砂浆的和易性，拟在砂浆中掺加微沫剂。砂浆的配合比为 1:7.5。微沫剂掺量为水泥重的 0.05‰。每搅拌一次用水泥 50kg，应用砂子和微沫剂各多少？

【解】已知每搅拌一次用水泥 50kg，则

（1）每搅拌一次用砂子：$50 \times 7.5 = 375kg$

（2）每搅拌一次用微沫剂：$50 \times 0.05‰ = 0.0025kg$

答：每搅拌一次用砂子 375kg，微沫剂 0.0025kg。

9. 某屋面工程屋面尺寸长为 150m 宽 20m，问屋面找平和防水分别检查几处？

【解】$150 \times 20 \div 100 = 30$ 处

答：屋面找平和防水分别检查 30 处。

10. A 点的绝对标高为 60.50m，后视 A 点的读数是 1.72m，前视 B 点的读数是 2.45m。B 点的绝对标高是多少？

【解】B 点对 A 点的高差：$h_{AB} = 1.72 - 2.45 = -0.73m$

B 点的绝对标高：$H_B = H_A + h_{AB} = 60.50 + (-0.73)$
$$= 59.77m$$

答：B 点的绝对标高为 59.77m。

1.6 实际操作题

1. 砌筑圆洞门一个（圆洞门宽 1m，矢高 360mm）。

考核项目及评分标准   表 1-1

序号	考核项目	允许偏差	评分标准	满分	检测点					得分
					1	2	3	4	5	
1	选砖		材质不符要求无分	5						
2	圆洞尺寸	10mm	超过 10mm，每处扣 1 分；超过 3 处及 1 处超过 15mm 不得分	10						
3	砌筑方法		材质不符要求无分	15						

序号	考核项目	允许偏差	评分标准	满分	检测点					得分
					1	2	3	4	5	
4	排砖起栱		排砖不符扣分，圆弧错误无分	15						
5	灰缝		缝不大于15mm，不符合要求无分	10						
6	平整度	8mm	超过8mm每处扣1分；超过3处或1处超12mm无分	15						
7	操作工艺		不符合施工工序无分	10						
8	安全生产		有事故无分	8						
9	文明施工		工完场不清无分	7						
10	工效		完不成定额适当扣分，达到定额得分，超定额加分	5						

2. 混合砂浆砌筑一层混水墙（有一洞口）。

考核项目及评分标准 表2-1

序号	考核项目	允许偏差	评分标准	满分	检测点					得分
					1	2	3	4	5	
1	砖		性能指标达不到要求无分	5						
2	轴线偏移	10mm	超过10mm，每处扣1分；超过3处不得分；一处超过20mm不得分	10						
3	墙面垂直度	5mm	超过5mm每处扣1分；3处以上不得分；有一处超过10mm不得分	10						

53

序号	考核项目	允许偏差	评分标准	满分	检测点					得分
					1	2	3	4	5	
4	墙面平整度	8mm	超过8mm每处扣1分；3处以上不得分；有一处超过15mm不得分	10						
5	水平灰缝平直度	10mm	20mm之内超过10mm者每处扣1分；一处20mm及3处10mm以上者不得分	10						
6	水平灰缝厚度	±8mm	超过8mm每处扣1分；3处以上及超过15mm者不得分	10						
7	构造柱截面	±10mm	超过10mm每处扣1分；3处以上及马牙槎不得分	5						
8	拉结筋		间距大于650mm每处扣1分；大于700mm无分。长度小于500mm每处扣1分；小于300mm者无分，3处以上无分	5						
9	砂浆饱满度	80%	小于80%每处扣0.5分，5处以上不得分	10						
10	安全、文明施工		有事故无分，工完场不清无分	10						
11	工具使用和维护		施工前后进行两次检查酌情扣分	5						
12	工效		低于定额90%无分，在90%~100%之间酌情扣分，超过定额适当加1~3分	10						

3. 砌筑一层清水砖墙（无洞口）。

考核项目及评分标准 表 3-1

序号	考核项目	允许偏差	评分标准	满分	检测点					得分
					1	2	3	4	5	
1	砖		性能指标及外观达不到要求无分	5						
2	轴线偏移	10mm	超过 10mm 每处扣 1 分；超过 3 处及一处超过 20mm 不得分	10						
3	墙面垂直度	5mm	超过 5mm 每处扣 1 分；3 处以上不得分，有一处超过 10mm 不得分	10						
4	墙面平整度	8mm	超过 5mm 每处扣 1 分；3 处以上不得分，有一处超过 10mm 不得分	10						
5	水平灰缝平直度	10mm	10mm 之内超过 7mm 者每处扣 1 分；一处 14mm 及 3 处 7mm 以上者不得分	10						
6	水平灰缝厚度	±8mm	10 皮砖累计超过 8mm 者每处扣 1 分；3 处以上及超过 15mm 者不得分	10						
7	清水墙面游丁走缝		超过 20mm 每处扣 1 分；3 处以上及一处超过 35mm 者不得分	15						
8	砂浆饱满度		小于 80% 每处扣 0.5 分，5 处以上者不得分	10						
9	阴阳膀		有阴阳膀不得分	5						

序号	考核项目	允许偏差	评分标准	满分	检测点					得分
					1	2	3	4	5	
10	安全、文明施工		有事故无分，工完场不清无分	5						
11	工效		低于定额90%无分，在90%~100%之间酌情扣分，超过定额适当加1~3分	10						

4. 砌等高式大放脚砖基础（大放脚高360mm，正墙厚240mm高1.2m）。

考核项目及评分标准　　　表4-1

序号	考核项目	允许偏差	评分标准	满分	检测点					得分
					1	2	3	4	5	
1	砖		材质不符合要求无分	5						
2	排砖撂底组砌方法		排砖撂底不正确无分，组砌方法错误无分	15						
3	砌筑方法		盘角不符合要求酌情扣分；皮数杆不符合要求扣分；留槎不合要求酌情扣分	10						
4	轴线偏移	10mm	超过10mm每处扣1分；超过3处及1处超过20mm者无分	10						
5	基础顶面标高	±15mm	超过15mm每处扣1分；超过3处及1处超过25mm者无分	10						
6	墙面平整度	8mm	超过8mm每处扣1分；3处以上及1处超过15mm者无分	10						

序号	考核项目	允许偏差	评分标准	满分	检测点					得分
					1	2	3	4	5	
7	墙面垂直度	5mm	超过 5mm 每处扣 1 分；3 处以上及 1 处超过 10mm 者无分	10						
8	水平灰缝平直度	7mm	超过 7mm 者每处扣 1 分；超过 3 处及 1 处超过 14mm 者无分	10						
9	安全、文明施工		有事故无分，工完场不清无分	5						
10	工具使用及维护		施工前后检查两次，酌情扣分	5						
11	工效		低于定额 90% 无分，在 90% ~ 100% 之间酌情扣分，超过定额适当加 1~3 分	10						

5. 30°坡屋面挂平瓦。

考核项目及评分标准　　　　表 5-1

序号	考核项目	允许偏差	评分标准	满分	检测点					得分
					1	2	3	4	5	
1	瓦		选瓦不符合要求无分	10						
2	平瓦的铺设		挂瓦条分档不均，每 3 档扣 1 分；瓦面不平每处扣 1 分；未与挂瓦条用镀锌铁丝固定无分；屋面渗漏无分	15						

序号	考核项目	允许偏差	评分标准	满分	检测点					得分
					1	2	3	4	5	
3	脊瓦的铺设		搭盖不正确无分；封固不严无分；屋脊不顺直无分	15						
4	瓦的搭接及出檐	8mm	出檐不平直酌情扣分；檐口瓦外排长度小于 50mm 或大于 70mm 者酌情扣分；屋面的墙或烟囱的侧面，瓦伸入泛水小于 50mm 者酌情扣分；平瓦与脊瓦搭接小于 40mm 者酌情扣分；超过 5 处及 1 处小于 20mm 者无分	20						
5	操作工艺		违反操作工艺者无分	10						
6	工具使用和维护		施工前后检查两次酌情扣分	5						
7	安全、文明施工		（1）施工前不检查脚手架酌情扣分；（2）上瓦不符合要求无分；有事故无分；工完场不清无分	15						
8	工效		低于定额 90% 者无分；在 90%～100% 之间酌情扣分；超过定额酌情加 1～3 分	10						

6. 砌筑混水平碹（立砖碹，5 个洞口）。

考核项目及评分标准　　　　表 6-1

序号	考核项目	允许偏差	评分标准	满分	检测点					得分
					1	2	3	4	5	
1	砖		性能指标达不到要求无分	5						
2	碹肩、碹膀子		不符合要求的无分	10						
3	排砖起拱		排砖不符合要求无分；起拱不在 1% ~2% 之间者无分	15						
4	平整度	8mm	超过 8mm 每处扣 2 分；3 处以上及 1 处超过 12mm 无分	10						
5	灰缝		灰缝要饱满，上下口灰缝不得大于 15mm，下口灰缝不得小于 5mm，不符合要求者酌情扣 2~8 分	15						
6	操作方法		按工艺标准操作，不符合要求者无分	10						
7	安全、文明施工		有事故无分；工完场不清无分	15						
8	工具使用及维护		施工前后检查两次酌情扣分	5						
9	工效		低于定额 90% 无分，90% ~100% 者酌情扣分，超过定额者加 1~3 分	15						

7. 铺筑筒瓦屋面。

考核项目及评分标准

表 7-1

序号	考核项目	允许偏差	评分标准	满分	检测点					得分
					1	2	3	4	5	
1	瓦		选瓦不符合要求无分	10						
2	检查修理基层		无此工序不得分；修理不合要求酌情扣分	5						
3	端老头瓦		做法不符合要求者无分；搭扣小于 40mm 扣分；小于 20mm 无分	10						
4	平瓦的铺设		瓦与瓦搭接长度不符合要求者酌情扣分；瓦片窝座不牢者无分	15						
5	脊瓦的铺设		做法不符合要求者无分；脊不直起伏；脊与瓦接缝渗漏无分；其他酌情扣分	15						
6	檐口瓦	8mm	出檐不平直酌情扣分；出檐口小于 50mm 者无分；檐口瓦抬高小于 30mm 或大于 80mm 者无分；在此之间者酌情扣分	15						
7	瓦棱		瓦棱不直、外观不整齐者无分	5						
8	细部		细部没做好防渗者无分	5						
9	安全、文明施工		施工前不检查脚手架酌情扣分；上瓦不符合要求无分；有事故无分；工完场不清无分	10						
10	工效		低于定额 90% 者无分；在 90% ~ 100% 之间酌情扣分；超过定额酌情加 1~3 分	10						

第二部分　中级瓦工

2.1　填空题

1. 小青瓦屋面封檐板平直的允许偏差是8mm。

2. 工业炉灶先砌炉底后砌炉墙，炉墙把炉底压住，炉底不能任意拆改的叫死底。

3. 基础的最后一皮砖要砌成丁砖为好。

4. 烟囱外壁一般要求有1.5%~3%收势坡度。

5. 力学三要素是力的大小，方向和作用点。

6. PDCA 分别代表计划、实施、检查、处理。

7. 变形缝有伸缩缝、沉降缝、抗震缝三种。

8. 安全"三宝"是指：安全帽、安全带、安全网。

9. 安全"四口"：是指楼梯口、电梯口、预留洞口、通道口。

10. 砌筑常用工具的小型工具有：瓦刀、大铲、刨锛、手锤、钢凿、灰板、溜子和抿子等。

11. 质量检测工具常用的有：钢卷尺、托线板、线坠、塞尺、水平尺、准线、百格网、方尺、龙门板和皮数杆等。

12. 砖砌体的组砌原则有：（1）砌体必须错缝；（2）控制水平灰缝厚度一般规定为10mm；（3）墙体之间的连接接槎要标准。

13. 砖砌体是由砖和砂浆共同组成的，每砌一块砖，需经铲灰、铺灰、取砖和摆砖四个动作来完成，这四个动作就是砖瓦工的基本功。

14. 所谓"三一"砌筑法是指<u>一铲灰、一块砖、一揉挤</u>这三个"一"的动作过程。

15. "二八三一"操做法就是把瓦工砌砖的动作过程归纳为<u>二种步法、三种弯腰姿势、八种铺灰手法、一种挤浆动作</u>，叫做"二八三一砌砖动作规范"，简称二八三一操做法。

16. 混水墙砌体表面平整度允许偏差为<u>8mm</u>。

17. 混水墙砌体水平灰缝平直度允许偏差为<u>10mm</u>。

18. 门窗洞口高、宽度允许偏差为<u>±5mm</u>。

19. 外墙上下窗口偏移允许偏差为<u>20mm</u>。

20. 水平灰缝砂浆饱满度应达到<u>≥80%</u>。

21. 基槽边<u>100cm</u>以内禁止堆料。

22. 砌块砌体的水平灰缝厚度要控制在<u>10～20mm</u>之间。

23. 混合砂浆强度不满足要求的主要原因是<u>计量不准确</u>。

24. 毛石基础每天的砌筑高度不得超过<u>1.2m</u>。

25. 表述建筑物局部构造和节点的施工图是<u>详图</u>。

26. 瓦是铺盖于坡屋面上作防水用的材料，是用<u>黏土</u>烧制而成的陶土材料、能较好地起到阻挡雨雪、保温隔热。

27. 安装过梁时，发现过梁有一条微小的通缝，<u>修理后可以使用</u>。

28. 为了增强房屋整体的刚度和墙体的稳定性，需设置<u>圈梁</u>。

29. M5上砂浆用砂，含泥量不得超过<u>5%</u>。

30. 瓦的主要品种有<u>黏土平瓦、黏土脊瓦、水泥平瓦、水泥脊瓦、黏土小青瓦、黏土筒瓦、琉璃瓦</u>。

31. 混水墙水平灰缝平直度为<u>10mm</u>。

32. 黏土平瓦有Ⅰ、Ⅱ、Ⅲ三个型号，尺寸规格分别为<u>400mm×240mm、380mm×225mm、360mm×220mm</u>。

33. 钢门窗框与墙体间缝隙应用<u>水泥砂浆</u>填嵌密实。

34. 同一梯段，其踏步数不能超过<u>18级</u>。

35. 楼梯栏杆的高度一般为<u>900mm</u>。

36. 墙在建筑物中的作用是承重、围护、分隔。

37. 外墙勒脚的高度为500~900cm。

38. 踢脚线的高度为8~20cm。

39. 墙裙的高度为900~1800mm。

40. 常用的砖碹有平碹、弧形碹、半圆碹、鸡心碹。

41. 铺瓦的顺序是先从檐口开始到屋脊，从每块屋面的左侧山头向右侧山头进行。

42. 在风大地区、地震区或屋面坡度大于30°的瓦屋面及冷摊瓦屋面，瓦应固定。

43. 在砖墙转角处或纵横墙交接处，设置拉结筋起拉结作用。

44. 脊瓦盖住平瓦的边必须大于40mm。

45. 在多孔砖砌筑时，多孔砖的孔洞应垂直于受压面。

46. 构造柱与墙体的连接处应砌成马牙槎，从每层柱脚开始，先退后进，每一马牙槎沿高度方向的尺寸不宜超过300mm。

47. 全顺法仅适用于半砖墙。

48. 挑梁在墙根部承受最大负弯矩，上部受拉，下部受压。

49. 墙身砌体高度超过1.2m时，应搭设脚手架。

2.2 判断题

1. 小青瓦铺设，一般要求瓦面上下搭接2/3。（√）

2. 耐火泥浆调制完毕后感觉太稠可再加入一些水重新调合。（×）

3. 方格网的坐标编号一般以 X 表示横坐标，Y 表示纵坐标。（×）

4. 工业炉栱形炉顶的砌筑，跨度大于6m 的栱，要加5 块销砖，中间一块，其余两侧均匀分布。（√）

5. 烟囱外壁砌筑时，环向竖缝应错开1/4 砖。（√）

6. 在基础施工时，要经常检查边坡情况，发现有裂缝或其

他情况，要采取措施后才能继续作业。（√）

7. 限额领料是材料使用中最有效的管理手段，是监督材料合理使用，减少损耗，避免浪费，降低成本的有效措施。（√）

8. 烟囱、烟道的施工图是较复杂的施工图。（√）

9. 视平线是否水平是根据水准管的气泡是否居中来判断的。（√）

10. 为节省材料砌空斗墙时可用单排脚手架。（×）

11. 砖栱砌筑时，栱座下砖墙砂浆强度应达到50%以上。（×）

12. 绘图铅笔一般用代号"H"、"B"、"HB"表示其软硬，"B"表示淡而硬。（×）

13. 砖筒栱上口灰浆强度偏低是因为筒栱砌完后养护不好，表面脱水造成的。（√）

14. 铺砌地面砖时，砂浆配合比1：2.5是体积比。（√）

15. 椽条间距视青瓦的尺寸大小而定，一般为青瓦小头宽度的2/3。（×）

16. 设有混凝土壁的地下烟道的栱顶，应在墙外回填土完成后才可砌筑。（√）

17. 小青瓦屋面瓦片脱落，原因是檐口瓦未按规定抬高。（√）

18. 烟囱每天砌筑高度过高会因灰缝变形引起自身的偏差。（√）

19. 经常受40℃以上高温影响的工程，在冬期不能采用冻结法施工。（×）

20. 施工方案是简化了的单位工程施工组织设计。（√）

21. 清水墙面游丁走缝，用吊线和尺量检查，以顶层第一皮砖为准。（×）

22. 安全管理是要保证施工安全。（×）

23. 地震设防区，房屋门窗上口不能用砖砌平栱过梁代替预制过梁。（√）

24. 将轴线和标高测设到基槽边壁后，即可拆除龙门板。（×）

25. 任何一种构件不但强度要满足要求，刚度也要满足要求。（√）

26. 空斗墙及空心砖墙在门窗洞口两侧 50cm 范围内要砌成实心墙。（×）

27. 板块地面的面层表面色泽均匀，板块无裂纹、掉角和缺棱等缺陷，质量应评为合格。（×）

28. 杆件的内力是杆件内部相互作用的力。（√）

29. 砌基础大放脚的收退要遵循"退台收顶"的原则，应采用一顺一丁的砌法。（√）

30. 施工人员可从较缓的边坡上下基槽。（×）

31. 空斗墙及空心墙在门窗洞口两侧 24cm 范围内都应砌成实心砌体。（√）

32. 铺砌地面用干硬性砂浆的现场鉴定，以手握成团落地开花为准。（√）

33. 工业炉拱顶炉顶的砌筑，跨度大于 3m 的拱，要加 4 块销砖。（×）

34. 烟囱四周 4m 范围内应设置护栏，高度超过 10m 后烟囱四周随升高要支搭安全网。（×）

35. 砖薄壳、双曲砖拱及薄壁圆形砌体或拱结构在冬期施工时，不能采用冻结法施工。（√）

36. 内墙长度按内墙净长度计算。（√）

37. 检查原木檩梢径的偏差方法是，抽查 3 根，用尺量检查梢径，取其最大与最小的平均值。（√）

38. 比例尺是刻有不同比例的三棱直尺，又称三棱尺。（√）

39. 绘图墨水有碳素墨水和绘图墨水两种，碳素墨水胶性较好。（√）

40. 烟囱外壁砌筑时，环向竖缝应错开 1/4 砖。（√）

41. 圈梁遇到门窗洞口可以断开。（×）

42. 房屋建筑的主要承重部分是基础、墙、柱、梁、楼板、屋架和结构。（×）

43. 墙体改革就是不用黏土砖。（×）

44. 等高式大放脚是每一皮砖一收，每次收入 1/4 砖的长度。（×）

45. 为保证冬期施工正常进行，可采用掺盐砂浆法、冻结法及暖棚法。（√）

46. 构造柱断面不应小于 18cm×24cm，主筋一般采用 4φ12 以上，箍筋间距小于 25cm。（√）

47. 在水准测量时，从水准尺上读出的毫米是估读的。（√）

48. 砌筑用砌浆同品种、同强度等级砂浆试块，各组试块的平均强度不得小于设计强的 75%。（×）

49. 清水平坡要求砖的排列数为单数。（√）

50. 一般在脚手架上堆砖，不得超过三码。（√）

51. 空斗墙排砖时不足整砖处，可加七分头或二分头。（×）

52. 砌筑空心墙和空斗墙，不可以在墙上留脚手眼。（√）

53. 技术交底也是技术管理工作。（√）

54. 雨期施工，每天砌筑高度一般不超过 4m。（×）

55. 砌 1m³ 砖需用 0.992 日，是产量定额。（×）

56. 某基本项目，抽检的各处均符合相应的质量检验评定标准的合格规定，其中有 50% 以上的处符合优良规定，该项即可评为优良。（√）

57. 雨期砌墙，收工时在墙面上盖一层干砖是排砖摺底。（×）

58. 望檐是指抬高了 30～80mm 的檐口瓦的盖瓦。（√）

59. 定额是一种标准，是编制施工图预算，确定工程造价的依据。（√）

60. 龙门板是开挖基槽时放在房屋四大角或横在基槽上的木

板桩，用它来标出基槽宽度及中心轴线。（√）

61. 烟囱、电厂的冷却塔属于构筑物。（√）

62. 空心砖墙砌好后可以在不重要的部位打洞。（√）

63. 砌单双曲栱用砖最好在使前 1~2d 浇水浸湿，稍阴干后再用。（√）

64. 曲线板是绘制各种曲线的工具。（×）

65. 冬期施工用于抗冻砂浆的防冻剂的食盐不可以食用。（√）

66. 力的三要素是指力的大小、方向和作用点。（√）

67. 用钢筋混凝土建造的基础是刚性基础。（×）

68. 砂浆强度是用 150mm×150mm×150mm 立方体试块经试压确定的。（×）

69. 构造柱要与圈梁连接，对整个砖砌房屋起到箍套捆绑作用，以加强房屋的整体性，提高抗震能力。（√）

70. 用后视读数减去前视读数，如果相减的值为正数，则说明前视点比后视点高。（√）

71. 外墙转角处严禁留直槎，其他临时间断处留槎的做法必须符合施工验收规范的规定。（√）

72. 如果排砖不合适，可以适当调整门窗口位置 1~2cm，使墙面排砖合理。（√）

73. 力偶是作用力和反作用力组成的力系。（×）

74. 震级是地震时发出能量大小的等级。（√）

75. 龙门板的上平高度应为房屋的 ±0.00 标高。（√）

76. 毛石墙上下层拉结石呈梅花状互相错开，防止砌成夹心墙。（√）

77. 向基坑内运送石料时，要让下面的操作人员注意，然后向下抛掷。（√）

78. 双排脚手架上每平方米堆料不得超过 540kg。（×）

79. 劳动定额是向班组签发施工任务书的依据。（√）

80. 土的分类定额中划分为五种类别。（×）

81. 水泥是一种气硬性胶凝材料。（×）

82. 限额领料是材料使用中最有效的管理手段，是监督材料合理使用，减少损耗，避免浪费，降低成本的有效措施。（√）

83. 地震设防区，房屋门窗上口不能用砖砌平栱过梁代替预制过梁。（√）

84. 地震设防区，房屋门窗上口能用砖砌平栱过梁代替预制过梁。（×）

85. 墙体由于开了门窗洞口截面被削弱，在洞口周边设钢筋混凝土边框是为了使这种削弱得到加强。（√）

86. 变形缝有伸缩缝、沉降缝、抗震缝三种。（√）

87. 设置在房屋中间部位的圈梁抵抗不均匀沉降的作用最显著。（√）

88. 力学三要素是力的大小，方向和作用面。（×）

89. 挑梁在墙根部承受最大负弯矩，上部受拉，下部受压。（√）

90. 提高砂浆强度是一项有效的抗震措施。（√）

91. 挑梁在墙根部的约束是固定铰支座。（√）

92. 构造柱与圈梁连接成封闭环行，可以有效防止墙体拉裂，并可以约束墙面裂缝的开展。（√）

93. 砌筑毛石时的脚手架可以是单排脚手架，一端紧靠在砌体上。（×）

94. 烟囱外壁一般要求至少有 1% ~3% 的收势坡度。（×）

95. 砌体弧形墙在弧度较小处可采用丁顺交错的砌法，在弧度急转弯的地方，也可采用丁顺交错的砌法，通过灰缝大小调节弧度。（×）

96. 天沟底部的薄钢板伸入瓦下面应不少于 150mm。（√）

97. 三一砌筑法可分解为铲灰、取砖、转身、铺灰、揉挤五个动作。（×）

98. 二三八一操做法就是把砌筑工砌砖的动作过程归纳为两种步法、三种弯腰姿势、八种铺灰手法、一种挤浆动作。（√）

99. 基础砌砖时，要先检查皮数杆最下一皮砖是否为整数，如果差距超过 20mm 以上，应用细石混凝土找平。（√）

100. 山丁檐跑就是在排砖摆底时，要求山墙摆成丁砖，檐墙摆成顺砖。（√）

101. 砌体结构材料的发展方向是高强、轻质、大块、节能、利废、经济。（√）

102. 在砖墙的各种砌法中，每层墙的最上一皮和最下一皮，在梁和梁垫的下面墙的阶台水平面上均应用丁砖层砌筑。（√）

103. 采用铺浆法砌筑时，铺浆长度不得超过 75cm。（√）

104. 砌普通砖时，上下皮砖灰缝应相互错开 20mm。（×）

105. 外墙抹灰的目的是满足使用和美观延长建筑物寿命。（√）

106. 水泥存放时间超过 3 个月时，使用时须经检验。（√）

107. 土建工程质量优劣会直接影响建筑物使用。（√）

108. 在半砖墙上可设置脚手眼。（×）

109. 楼地面抹灰找平后抹压二遍即可。（×）

110. 抹灰砂浆中砂子主要起粘结作用。（×）

111. 一般抹灰施工时，可以先抹内墙后抹外墙。（×）

112. 施工图中所用的单位均是毫米。（×）

113. 国家标准规定水泥的终凝时间不得迟于 12h。（√）

114. 外墙抹灰的平均厚度是 25mm。（√）

115. 水泥存放时垫板离地面高度为 50cm。（×）

116. 水泥存放的堆垛高度可以超过 10 袋。（×）

117. 混凝土顶棚抹灰的工艺程序中要先弹线，再基层处理。（×）

118. 外墙拉毛灰的工艺程序中可以先贴分隔条再抹底层灰。（×）

119. 工业与民用建筑工程中柱、梁、板是主要组成部分。（√）

120. 无机胶凝材料分为水硬性和气硬性两种。（√）

121. 煤渣砖中不含石灰。(×)

122. 砌砖柱时，不得采用包心砌法。(√)

123. 因框架间墙不承重，所以可以使用不合格的砖。(×)

124. 水泥不是水硬性胶凝材料。(×)

125. 内外墙抹灰可以不做灰饼和冲筋。(×)

126. 抹灰用玻璃丝的长度为1cm左右。(√)

127. 砌砖时，砖越湿越好砌筑。(×)

128. 砖砌体应组砌方法正确，上下错缝，内外搭砌。(√)

129. 面层抹灰俗称罩面灰，常用钢抹子压光。(√)

130. 冲筋是在两灰饼间抹出一条长灰饼来。(√)

131. 钢筋卡子常用6mm钢筋做成。(×)

132. 砖基础的水平灰缝为15mm。(×)

133. 砖基础放大脚通常采用一顺一丁的砌筑方法。(√)

134. 拌合水泥砂浆时，水泥、砂和水一起同时拌合。(×)

135. 一个建筑物只需通过平面图与立面图就能表现出来。(×)

136. 砌筑砂浆的强度等级中，没有M20强度等级。(×)

137. 对旧房子实行加固维修不属于建筑工程。(×)

138. 120mm厚实心砖砌体可以作为承重墙体。(×)

139. 跨度大于4.8m的梁，如支承面下的砌体是砖砌体，则应在梁的支承端下设置钢筋混凝土梁垫。(√)

140. 设置圈梁可以增强房屋整体的刚度和墙体的稳定性。(√)

141. 基础如深浅不一，有错台或踏步等情况时，应从深处砌起。(√)

142. 如果基础墙顶部有钢筋混凝土地圈梁，则可代替防潮层。(√)

143. 平面中承重窗间墙的宽度应大于1m，它反映墙体抵抗水平地震力的能力，且要均匀布置。(√)

144. 砖的耐久性主要包括抗冻、泛霜、石灰爆裂和吸水率

四个指标。（√）

145. 铺砌地面用干硬性砂浆的现场鉴定，以手握成团落地开花为准。（√）

146. 砌筑砂浆的强度与底面材料的吸水性能有直接关系。（√）

147. 当砌筑砂浆试块的试验结果不能满足设计要求时，可以现场对砂浆和砌体强度进行原位检测或取样检测，以判断其强度。（√）

148. 国家标准规定硅酸盐水泥的初凝时间不得早于45min，终凝时间不迟于10h。（×）

149. 水泥的水化热对大体积混凝土工程是不利的，对大型基础、水坝、桥墩等大体积混凝土工程应采用低热水泥。（√）

150. 砌块根据墙厚划分为三个系列，其高度均为190mm。（√）

151. 砌块一般不允许浇水，只有在气候特别干燥、炎热的情况下方可提前1d稍喷水湿润。（√）

152. 水玻璃是气硬性无机胶凝材料。（√）

153. 石灰膏是水硬性胶凝材料。（×）

154. 建筑石膏具有凝结硬化快，成型性能好的优点。（√）

155. 低碳钢在外力不大的情况下，仅产生弹性变形。（√）

156. 为了保证石灰完全消解，石灰浆必须在坑中保持两星期以上，这个过程称为陈伏。（√）

157. 梁板在砌体的搁置长度过小，造成局部压应力增加，砌体的局部抗压能力则下降。（√）

158. 沿齿缝截面破坏的轴心抗拉强度与砂浆的强度有直接关系。（√）

159. 砌体强度除与材料质量有关外，还与砌筑质量有关。（√）

160. 砖的强度越高，其砌体强度越高。（√）

161. 砌筑大孔空心砖时，非承重墙底部三皮砖应砌筑实心

砖。（√）

162. 挑梁在其根部承受最大负弯矩，上部受拉，下部受压。（√）

163. 刚度是指构件在荷载的作用下抵抗变形的能力。（√）

164. 墙体间距越近则墙体的稳定性和刚度越差。（×）

165. 用空心砖砌筑框架填充墙至最后一皮砖时，可用填实的空心砌块或用 90mm×190mm×190mm 砌块斜砌塞紧。（√）

166. 空心砖砌筑时严禁将脚手架横杆搁置在砖墙上。（√）

167. 提高砂浆强度是一项有效的抗震措施。（√）

168. 砖柱砌筑时，绝对不能采用先砌四周砖后填芯的砌法。（√）

169. 砌体转角和交接处，抗震设防地区不许留直槎。（√）

170. 墙身砌筑的原则是：角砖要平、绷线要紧，上灰要准、铺灰要活，上跟线、下跟棱，皮数杆立正立直。（√）

171. 龙门板是开挖基槽时放在房屋四大角或横在基槽上的木板桩，用它来标出基槽宽度及中心轴线。（√）

172. 当挂线长度超过 20m 时应增加腰线砖，腰线砖探出墙面 3~4cm。（√）

173. 干摆砖砌法也叫磨砖对缝砌法。（√）

174. 摆砖时，如果窗口宽度不合砖的模数，应将七分头号留在窗口下部的中央。（√）

175. 为提高空斗墙的受力性能，可在墙的转角和交接处砌成实心砌体。（√）

176. 勾缝砂浆稠度应合适，以勾缝留子挑起不落为宜。（√）

177. 毛石墙上下层拉结石呈梅花状互相错开，防止砌成夹心墙。（√）

178. 用空心砌块砌筑框架填充时，砌块排列至柱边的模数差，当其宽度大于 30mm 时，竖缝应用细石混凝土填实。（√）

179. 用混凝土空心砌块砌筑纵横墙交接处，应用不低于砌块强度的混凝土各填实三个孔洞以构成芯柱。（√）

180. 砖墙与构造柱结合处做成大马牙槎，并要求先退后进，是为保证各层柱端有较大的断面。（√）

181. 用轻骨料混凝土小型空心砌块或蒸压加气混凝土砌块砌筑墙体时，墙底部应砌烧结普通砖或多孔砖，或普通混凝土小型空心砌块，或现浇混凝土坎台等，其高度不宜小于 200mm。（√）

182. 设置在砌体水平灰缝内的钢筋，应居中置于灰缝中水平灰缝厚度应大于钢筋直径 4mm 以上，砌体外露面砂浆保护层的厚度不应小于 15mm。（√）

183. 填充墙砌体砌筑前块材应提前 2d 浇水湿润。蒸压加气混凝土砌块砌筑时，应向砌筑面适量浇水。（√）

184. 抗震设防地区，在墙体内放置拉结筋一般要求沿墙高每 500mm 设置一道。（√）

185. 房屋的外墙、楼板、室内的家具，施工的材料都属于静荷载。（√）

186. 小砌块应底面朝上反砌于墙上。（√）

2.3 选择题

1. 雨篷与墙的连接是（C）。

A. 滚动铰支座　　B. 固定铰支座

C. 固定端支座　　D. 简支支座

2. 可以增强房屋竖向整体刚度的是（B）。

A. 圈梁　　B. 构造柱　　C. 支撑系统　　D. 框架柱

3. 一个平行于水平投影面的平行四边形在空间各个投影面的正投影是（A）。

A. 两条线、一个平面　　　B. 一条线两个平面

C. 一点、一条线、一个面　　D. 两条线、一个点

4. 当房屋有抗震要求时，在房屋外墙转角处要沿墙高每（B）在水平缝中配置 3φ6 的钢筋。

A. 5 皮砖　　　B. 8 皮砖　　　C. 10 皮砖　　　D. 15 皮砖

5. 预制多孔板的搁置长度（A）。

A. 在砖墙上不少于 10cm 在梁上不少于 80cm

B. 在砖墙上不少于 8cm，在梁上不少于 5cm

C. 在砖墙上不少于 24cm，在梁上不少于 24cm

D. 在砖墙上不少于 5cm，在梁上不少于 3cm

6. 基础正墙的最后一皮砖要求用（A）排砌。

A. 条砖　　　B. 丁砖　　　C. 丁条混用　　　D. 丁也可条也可

7. 混合砂浆强度不满足要求的主要原因是（B）。

A. 配合比不正确　　　B. 计量不准确

C. 砂子太粗　　　D. 砂子未过筛

8. 砌筑弧形墙时，立缝要求（A）。

A. 最小不小于 7mm，最大不大于 12mm

B. 最小不小于 8mm，最大不大于 12mm

C. 最小不小于 7mm，最大不大于 13mm

D. 最小不小于 6mm，最大不大于 14mm

9. 空斗砖墙水平灰缝砂浆不饱满，主要原因是（A）。

A. 砂浆和易性差　　　B. 准线拉线不紧

C. 皮数杆没立直　　　D. 没按"三一"法操作。

10. 筒栱模板安装时，栱顶模板沿跨度方向的水平偏差不应超过该点总高的（C）。

A. 1/10　　　B. 1/20　　　C. 1/200　　　D. 1/400

11. 地漏和供排除液体用的带有坡度的面层，坡度满足排除液体需要，不倒泛水，无渗漏，质量应评为（B）。

A. 不合格　　　B. 合格　　　C. 优良　　　D. 高优

12. 工业炉使用成品耐火泥，耐火泥的最大颗粒不应大于砖缝厚度的（C）。

A. 15%　　　B. 25%　　　C. 50%　　　D. 66.6%

13. 烟囱每天的砌筑高度由气温和砂浆的硬化程度决定，一般每天砌筑高度不宜超过（B）。

A. 1. 2m   B. 1. 8m   C. 2. 4m   D. 4m

14. 跨度小于1. 2m的砖砌平栱过梁，拆模日期应在砌完后（C）。

A. 5d   B. 7d   C. 15d   D. 28d

15. （B）是班组管理的一项重要内容。

A. 技术交底   B. 经济分配   C. 质量管理   D. 安全管理

16. 在构造柱与圈梁相交的节点处应适当加密柱的箍筋，加密范围在圈梁上下不应小于1/6层高或45cm，箍筋间距不宜大于（A）。

A. 10cm   B. 15cm   C. 20cm   D. 25cm

17. 图纸上标注的比例是1∶1000则图纸上的10mm表示实际的（C）。

A. 10mm   B. 100mm   C. 10m   D. 10km

18. 毛石墙每一层水平方向间距（B）左右要砌一块拉结石。

A. 0. 5m   B. 1m   C. 1. 5m   D. 3m

19. 370基础墙表面不平的主要原因是（D）。

A. 砂浆稠度过大   B. 砖尺寸不标准

C. 轴线不准   D. 未双面挂线

20. 单曲砖栱与房屋的前后檐相接处，应留出（C）伸缩的空隙。

A. 5mm   B. 5~15mm   C. 20~30mm   D. 50mm

21. 用水泥砂浆做垫层铺砌的普通黏土砖其表面平整度是（C）。

A. 3mm   B. 5mm   C. 6mm   D. 8mm

22. 炉灶的灶台部分要外挑出炉座侧壁（C），这样可使炊事员在操作时，身边近灶台，而脚趾不至碰触炉座。

A. 60mm   B. 100mm   C. 120~240mm   D. 400~500mm

23. 画基础平面图时，基础墙的轮廓线应画成（C）。

A. 细实线   B. 中实线   C. 粗实线   D. 实线

24. 构造柱断面一般不小于 180mm×240mm，主筋一般采用（C）以上的钢筋。

A. 4φ6　　B. 4φ10　　C. 4φ12　　D. 4φ16

25. 墙与构造柱连接，砖墙应砌成大马牙槎，每一大马牙槎沿高度方向不宜超过（B）。

A. 4 皮砖　　B. 6 皮砖　　C. 8 皮砖　　D. 10 皮砖

26. 拉结石要至少在满墙厚（C）能拉住内外石块。

A. 1/2　　B. 1/3　　C. 2/3　　D. 3/4

27. 工程中的桥梁与桥墩的连接情况是（A）。

A. 一端采用固定铰支座，一端采用滚动铰支座

B. 两端都是滚动铰支座

C. 一端是固定端支座，一端是固定铰支座

D. 一端是固定端支座，一端是滚动较支座

28. 弧形墙外墙面竖向灰缝偏大的原因是（B）。

A. 砂子粒径大　　B. 没有加工楔形砖

C. 排砖不合模数　　D. 游丁走缝

29. 空斗砖墙水平灰缝砂浆不饱满，主要原因是（B）。

A. 使用的是混合砂浆　　B. 砖没浇水

C. 皮数杆不直　　D. 叠角过高

30. 单曲砖栱砌筑时，砖块应满面抹砂浆，灰面上口略厚，下口略薄，要求灰缝（A）。

A. 上口不超过 12mm，下口在 5~8mm 之间

B. 上面在 15~20mm 之间，下面在 5~8mm 之间

C. 上面不超过 15mm，下面在 5~7mm 之间

D. 上面不超过 20mm，下面不超过 7mm

31. 板块地面面层的表面清洁，图案清晰，色泽一致，接缝均匀，周边顺直，板块无裂纹、掉角和缺楞等现象，质量应评为（C）。

A. 不合格　　B. 合格　　C. 优良　　D. 高优

32. 小青瓦屋面操作前要检查脚手架，脚手架要稳固至少要

高出屋檐（C）以上并做好围护。

A. 0. 5m   B. 0. 6m   C. 1m   D. 1. 5m

33. 工业锅炉耐火砌体的砖缝厚度检查方法是在炉子每部分砌体5m² 的表面上用楔形塞尺检查 10 处，比规定砖缝厚度大50% 以内的砖缝 I 类砌体不应超过（B）。

A. 2 处   B. 4 处   C. 5 处   D. 8 处

34. 砌烟囱时，为了内衬的稳定，（D）砌一块丁砖顶在外壁上形成梅花形支点，使之稳定。

A. 每隔 0. 5m 周长和 1m 高度

B. 每隔 1m 周长和 1. 5m 高度

C. 每隔 5m 周长和 0. 5m 高度

D. 每隔 1m 周长和 1m 高度

35. 毛石砌体组砌形式合格的标准是内外搭砌，上下错缝，拉结石、丁砌石交错设置，拉结石（C）m² 墙面不少于 1 块。

A. 0. 1   B. 0. 5   C. 0. 7   D. 1. 2

36. 铺砌缸砖地面表面平整度应是（B）。

A. 3mm   B. 4mm   C. 6mm   B. 8mm

37. 砖薄壳，双曲砖栱以及薄壁圆形砌体或栱结构，外挑长度大于 18cm 的挑檐，钢筋砖过梁和跨度大于 1. 2m 的砖砌栱等结构，在冬期施工时，不能采用（B）。

A. 抗冻砂浆法   B. 冻结法

C. 储热法   D. 快硬砂浆法

38. 建筑物檐口有顶棚、外墙高不到顶，但又没有注明高度尺寸，则外墙高度算到屋架下弦底再加（B）。

A. 19cm   B. 25cm   C. 30cm   D. 1/4 砖长

39. 空心砖墙面凹凸不平，主要原因是（C）。

A. 墙体长度过长   B. 拉线不紧

C. 拉线中间定线   D. 砂浆稠度大

40. 地震按地震时发出能量的大小分为（C）个等级。

A. 6   B. 8   C. 9   D. 12

41. 空心墙砌到（A）以上高度时是砌墙最困难的部位，也是墙身最易出毛病的时候。

A. 1. 2m　　B. 1. 5m　　C. 1. 8m　　D. 0. 6m

42. 雨期施工时，每天的砌筑高度要求不超过（C）。

A. 1. 2m　　B. 1. 5m　　C. 2m　　D. 4m

43. 基础等高式大放脚是每两皮一收，每次收进（B）砖。

A. 1/2　　B. 1/4　　C. 1/8　　D. 3/4

44. 空心砖墙要求纵横墙交错搭接，上下皮错缝搭砌，搭砌长度不小于（A）。

A. 60m　　B. 120m　　C. 180m　　D. 150m

45. QC 小组活动要选好课题，选题（D），为解决某项工程质量问题而设定。

A. 要用数据说话　　B. 要用图表反映问题

C. 要用统计方法　　D. 要有针对性

46. 构造柱一般设在墙角纵横墙交接处，楼梯间等部位其断面不应小于（B）。

A. 180mm ×180mm　　B. 180mm ×240mm

C. 240mm ×240mm　　D. 240mm ×360mm

47. 非承重墙和承重墙连接处应沿墙每 50cm 高配置 2ϕ6 拉结筋，每边伸入墙内（B），以保证房屋整体的抗震性能。

A. 0. 5m　　B. 1m　　C. 1. 2m　　D. 2m

48. 有抗震要求的房屋承重外墙尽端到门窗洞口的边最少应大于（B）。

A. 0. 5m　　B. 1m　　C. 1. 2m　　D. 1. 5m

49. 在国际标准计量单位中，力的单位是（C）。

A. 公斤　　B. 市斤　　C. 牛顿　　D. 吨

50. 毛石基础轴线位置偏移不超过（B）。

A. 10mm　　B. 20mm　　C. 25mm　　D. 50mm

51. 用特制的楔形砖砌清水弧形碹时，砖的大头朝上，小头朝下，此时灰缝要求是（D）。

A. 上部为 15 ~ 20cm，下部为 5 ~ 8mm

B. 上部为 8 ~ 10cm，下部为 5 ~ 8mm

C. 上部为 15 ~ 20mm，下部为 7 ~ 13mm

D. 上下灰缝厚度一致

52. 清水大角与砖墙在接槎处不平整原因是（B）。

A. 砖尺寸规格　　　　B. 清水大角不放正

C. 灰缝厚度不一致　　D. 挂线不符合要求

53. 为加强空斗墙与空心墙的结合部位的强度，砂浆强度等级不应低于（B）。

A. M1. 0　B. M2. 5　C. M5　D. M7. 5

54. 双排脚手架的承载能力是（A）。

A. 270kg/m^2　B. 540kg/m^2　C. 360kg/m^2　D. 480kg/m^2

55. 单曲拱可作为民用建筑的楼盖或适用于地基比较均匀、土质较好的地区，跨度不宜超过（B）。

A. 2m　B. 4m　C. 18m　D. 24m

56. 砖面层铺砌在沥青玛𤧛脂结合层上，当环境温度低于5℃时，砖块要预热到（C）左右。

A. 15℃　B. 30℃　C. 40℃　D. 60℃

57. 檐口瓦挑出檐口不小于（B），应挑选外形整齐，质量较好的小青瓦。

A. 20mm　　B. 50mm　　C. 70mm　　D. 100mm

58. 工业炉墙体上，小于 450mm 的孔洞，上部可用耐火砖逐层挑出过口成洞，每层挑出的尺寸不大于（C），直到盖过洞口为止。

A. 25mm　　B. 60mm　　C. 75mm　　D. 120mm

59. 烟囱用耐火砖做内衬时，灰缝厚度不大于（C）。

A. 1mm　　B. 3mm　　C. 4mm　　D. 8mm

60. 当预计（D）内的平均气温低于 + 5℃时或当日最低气温低于 - 3℃时，砌筑施工属冬期施工阶段。

A. 3d　　B. 5d　　C. 7d　　D. 10d

61. 设置钢筋混凝土构造柱的墙体，砖的强度等级不宜低于（B）。

A. Mu5　　B. Mu7.5　　C. Mu10　　D. Mu15

62. 基础大放脚水平灰缝高低不平原因是（B）。

A. 砂浆不饱满　　　　B. 准线没收紧

C. 舌头灰未清出　　　D. 留样不符合要求

63. 弧形石碹的碹座要求垂直于石碹轴线，碹座以下至少（A）皮砖要用 M5 以上的混合砂浆砌筑。

A. 5　　B. 8　　C. 10　　D. 1/4 跨高

64. 空斗墙上过梁，可做平碹式、平砌式钢筋砖过梁，当用于非承重的空斗墙上时，其跨度不宜大于（C）。

A. 1m　　B. 1.25m　　C. 1.75m　　D. 2.1m

65. 1/2 砖厚单曲砖栱的纵向灰缝为通长直缝，横向灰缝相互错开（A）砖长。

A. 1/2　　B. 1/4　　C. 1/3　　D. 20mm

66. 砌炉灶时，留进风槽要看附墙烟囱所处位置，如果烟囱在灶口处，则风槽应（B）。

A. 往外留些　　B. 往里留些　　C. 正中设置　　D. 靠前留设

67. 烟囱砌筑时，将普通砖加工成楔形砖，加工后砖宽应大于原砖宽的（C）以上。

A. 1/2　　B. 1/3　　C. 2/3　　D. 3/4

68. 高温季节，砖要提前浇水，以水浸入砖周边（C）为宜。

A. 略浇水润湿　　B. 1.5cm　　C. 2cm　　D. 2.5cm

69. 烟囱、水塔砌筑，水平灰缝砂浆饱满度应不小于（C）。

A. 80%　　B. 90%　　C. 95%　　D. 100%

70. 按照国家标准，图纸标高和总平面图的尺寸以（C）为单位。

A. mm　　B. cm　　C. m　　D. km

71. 我国采用的地震烈度表划分为（D）个等级。

A. 8　　B. 9　　C. 10　　D. 12

72. 连续（B）d 内平均气温低于 5℃时，砖石工程就要按冬期施工执行。

A. 5　　B. 10　　C. 15　　D. 30

73. 毛石基础台阶的高宽比不小于（A）。

A. 1∶1　　B. 1∶2　　C. 1∶3　　D. 1∶4

74. 能承受（C）以上高温作用的砖称为耐火砖。

A. 1000℃　　B. 1260℃　　C. 1580℃　　D. 1980℃

75. 基础砌砖前检查发现高低偏差较大应（A）。

A. 用 C15 细石混凝土找平　　B. 用砌筑砂浆找平
C. 在砌筑砂浆中加石子找平　　D. 砍砖包盒子找平

76. 砖基础顶面标高偏差不得超过（C）。

A. ±5mm　　B. ±10mm　　C. ±15mm　　D. ±25mm

77. 烟囱立缝要求（A）。

A. 里口不小于 5mm，外口不大于 15mm

B. 里口不小于 3mm，外口不大于 15mm

C. 里口不小于 8mm，外口不大于 12mm

D. 里口不小于 5mm，外口不大于 12mm

78. 变形缝有（B）种。

A. 2　　B. 3　　C. 4　　D. 5

79. （B）位于房屋的最下层，是房屋地面以下的承重结构。

A. 地基　　B. 基础　　C. 地梁　　D. 圈梁

80. 冬期施工，砂浆宜用（A）拌制。

A. 普通硅酸盐水泥　　　B. 矿渣硅酸盐水泥

C. 火山灰硅酸盐水泥　　D. 沸石硅酸盐水泥

81. 班组（C）组织一次质量检查。

A. 每周　　B. 每旬　　C. 每月　　D. 每季度

82. 毛石基础的断面形式有（A）。

A. 阶梯形和梯形　　B. 阶梯形和矩形

C. 矩形和梯形　　　D. 矩形和三角形

83. 基础各部分的形状、大小、材料、构造、埋置深度及样号都能通过（B）反映出来。

A. 基础平面图　　B. 基础剖面图

C. 基础详图　　　D. 总平面图

84. 不满（B）周岁的未成年工，不得从事建筑工程施工作业。

A. 16　　B. 18　　C. 20　　D. 24

85. 墙与柱沿墙高每 500mm 设 2ϕ12 钢筋连接，每边伸入墙内不应少于（B）。

A. 0.5m　　B. 1m　　C. 1.5m　　D. 2m

86. 圈梁截面高度不应小于（A），配筋一般为 4ϕ12。

A. 12cm　　B. 18cm　　C. 24cm　　D. 36cm

87. 水平测量时，操作引起的误差是（C）。

A. 水准仪的视准轴和水准管轴不平行

B. 支架放在松软土上，时间长了仪器下沉

C. 调平没调好

D. 风吹动望远镜

88. 清水弧形碹的灰缝（A）。

A. 上部为 15 ~ 20mm，下部为 5 ~ 8mm

B. 上部为 12 ~ 15mm，下部为 5mm

C. 上部为 12cm，下部为 8mm

D. 上部为 10mm，下部为 5mm

89. M5 以上砂浆用砂的含泥量不得超过（B）。

A. 2%　　B. 5%　　C. 10%　　D. 15%

90. 砖薄壳多用作屋盖，跨度有（C）种。

A. 2　　B. 3　　C. 4　　D. 5

91. 说明烟囱顶部铁附件安装与联结的图纸是（D）。

A. 烟囱外形图　　B. 细部构造图

C. 剖面图　　　　D. 顶部构造图

92. 间隔式大放脚是二皮一收与一皮一收相间隔，每次收进

（B）砖。

　　A. 1/2　　B. 1/4　　C. 1/8　　D. 3/4

　　93. 烟囱每天的砌筑高度需要根据气候情况来确定，一般不宜超过（B）。

　　A. 1. 2～1. 8m　　B. 1. 8～2. 4m　　C. 2. 4～3m　　D. 4m

　　94. 房屋使用时温度大于 60℃ 的工程，如浴室等，冬期施工时不得采用（B）施工。

　　A. 冻结法　　　B. 掺盐砂浆法

　　C. 暖棚法　　　D. "三一"砌砖法

　　95. 施工平面图中标注的尺寸只有数量没有单位，按国家标准规定单位应该是（A）。

　　A. mm　　B. cm　　C. m　　D. km

　　96. 普通黏土砖、硅酸盐砖和承重黏土空心砖的强度等级分为（A）级。

　　A. 4　　B. 5　　C. 6　　D. 7

　　97. 抗震设防地区砌墙砂浆一般要用（B）以上砂浆。

　　A. M2. 5　　B. M5　　C. M7. 5　　D. M10

　　98. 构造柱钢筋一般采用Ⅰ级钢筋，混凝土强度等级不宜低于（A）。

　　A. C15　　B. C20　　C. C25　　D. C30

　　99. 砌墙时盘角高度不得超过（B）皮，并用线坠吊直修正。

　　A. 3　　B. 5　　C. 7　　D. 10

　　100. 预埋拉结筋的数量，长度均应符合设计要求和施工验收规范规定，留置间距偏差不超过 3 皮砖者为（A）。

　　A. 合格　　B. 良　　C. 不合格　　D. 优良

　　101. 花饰墙花格排砌不匀称、不方正，原因是（C）。

　　A. 砂浆不饱满

　　B. 没有进行编排图案

　　C. 花饰墙材料尺寸误差较大，规格不方正

D. 检查不及时

102. 承重空斗墙上的平石碹或砌式钢筋砖过梁，其跨度不应大于（B）。

A. 1m　　B. 1.2m　　C. 1.5m　　D. 1.75m

103. 某次地震室内大多数人感觉振动，室外少数人感觉悬挂物摇动，紧靠在一起的不稳定器皿作响，门窗和纸糊的顶棚有时轻微作响，这时的地震烈度是（B）。

A. 3度　　B. 4度　　C. 5度　　D. 8度

104. 砖拱砌筑时，拱座混凝土强度应达到设计的（B）以上。

A. 30%　　B. 50%　　C. 75%　　D. 100%

105. 地面泛水过小或局部倒坡的原因是（A）。

A. 基层坡度没找好　　　　B. 面层材料不合格

C. 防水或找平层过厚　　　D. 养护不及时

106. 冬期拌合砂浆用水的温度不得超过（C）。

A. 40℃　　B. 60℃　　C. 80℃　　D. 90℃

107. 毛石基础墙面勾缝密实，粘结牢固，墙面清洁，缝条光洁整齐清晰美观，其质量应评为（D）。

A. 合格　　B. 不合格　　C. 良　　D. 优良

108. 计算砌体工程量时，小于（B）的窗孔洞不予扣除。

A. 0.2m²　　B. 0.3m²　　C. 0.4m²　　D. 0.5m²

109. 生石灰熟化时间不得小于（D）d。

A. 3　　B. 5　　C. 7　　D. 10

110. 检查砂浆饱满度用（D）。

A. 扎线板　　B. 塞尺　　C. 方格　　D. 百格网

111. 简单工业炉炉墙蹿火的主要原因是（A）。

A. 灰浆不饱满　　　　B. 灰缝过大

C. 耐火砖不合格　　　D. 灰缝不平直

112. 大孔空心砖墙组砌为十字缝，上下竖缝相互错开（C）砖长。

A. 1/4   B. 1/3   C. 1/2   D. 1/8

113. 砌墙施工时，每天上脚手架前、施工前（B）应检查所用脚手架的安全情况。

A. 架子工   B. 瓦工   C. 钢筋工   D. 木工

114. 施工现场房屋定位的基本方法一般有（C）种。

A. 1   B. 3   C. 4   D. 6

115. 砂浆的强度等级分（D）个等级。

A. 4   B. 5   C. 6   D. 7

116. 圈梁截面高度不应小于（A），配筋一般为4φ12。

A. 12cm   B. 18cm   C. 24cm   D. 36cm

117. 水平测量时，操作引起的误差是（C）。

A. 水准仪的视准轴和水准管轴不平行

B. 支架放在松软土上，时间长了仪器下沉

C. 调平没调好

D. 风吹动望远镜

118. 清水弧形碹的灰缝（A）。

A. 上部为15～20mm，下部为5～8mm

B. 上部为12～15mm，下部为5mm

C. 上部为12mm，下部为8mm

D. 上部为10mm，下部为5mm

119. 承重空斗墙上的平碹或砌式钢筋砖过梁，其跨度不应大于（B）。

A. 1m   B. 1.2m   C. 1.5m   D. 1.75m

120. 施工水磨石地面时其中的结合层水泥砂浆稠度要求为（B）mm。

A. 20～25   B. 30～35   C. 15～25   D. 10～20

121. 水磨石地面施工中分隔条安装长度若为5m，其偏差应不超过（C）mm。

A. 2   B. 1.5   C. 1   D. 0.5

122. 做水磨石地面时要求水泥砂浆强度不应小于（A）。

A. M10　　B. M5　　C. M15　　D. M20

123. 砂浆的分层厚度不应大于（A）mm。

A. 30　　B. 35　　C. 40　　D. 45

124. 砖基础的放大脚砌筑时常采用（A）。

A. 一顺一丁　B. 三顺一丁　C. 二顺二丁　D. 二顺一丁

125. 水泥混合砂浆中水泥和掺加料总重宜为（B）kg/m³。

A. 200～250　B. 300～350　C. 350～400　D. 400～450

126. 建筑施工图中尺寸的单位是（C）。

A. m　　B. dm　　C. mm　　D. cm

127. 一般抹灰中施工外墙（B）。

A. 自下而上　B. 自上而下　C. 上下同时　D. 从左到右

128. 普通抹灰适用于（B）。

A. 工业建筑　B. 简易民房　C. 高档办公楼　D. 宾馆

129. 按规定，水泥砂浆中水泥用量不应小于（B）kg/m³。

A. 100　　B. 200　　C. 300　　D. 400

130. 毛石基础墙面勾缝密实，粘结牢固，墙面清洁，缝条光洁、整齐、清晰美观，其质量应评为（D）。

A. 合格　　B. 不合格　　C. 良　　D. 优良

131. 生石灰熟化时间不得小于（D）d。

A. 3　　B. 5　　C. 7　　D. 10

132. 普通混凝土小型空心砌块主规格尺寸为（D）。

A. 90mm×190mm×190mm

B. 190mm×190mm×190mm

C. 290mm×190mm×190mm

D. 390mm×190mm×190mm

133. 小砌块墙体孔洞中需填充隔热或隔声材料时，应填满，不予捣实，（A）。

A. 随砌随灌填

B. 砌一皮后，间隔1h再灌填，便于沉实

C. 砌一皮灌填一皮

D. 灌填顺序未做具体规定，不影响施工质量

134. 关于小砌块施工，错误的是（D）。

A. 砌块应将底面朝上砌筑

B. 小砌块砌体的水平灰缝砂浆饱满度不得低于90%，竖向灰缝的砂浆饱满度不得低于80%

C. 小砌块砌体的砌筑方式只有全顺一种

D. 常温条件下，普通混凝土小砌块施工前可洒水，但不宜过多

135. 冬期施工，（C）。

A. 不浇砖

B. 可浇砖也可不浇砖

C. 要求浇砖，如有困难，则必须增加砂浆稠度

D. 必须浇砖

136. 用混凝土空心砌块砌筑的墙转角处和楼梯间四角的砌体孔洞内，应设置不小于 $\phi12$ 的竖向钢筋并用（C）细石混凝土灌实。

A. C10   B. C15   C. C20   D. C30

137. 柱顶表面平整度应控制在（A），以十字交叉线检查两个方向。

A. 3mm   B. 5mm   C. 8mm   D. 10mm

138. 砖砌平棋过梁的灰缝应砌成楔形缝。灰缝的宽度，在过梁的底面不应小于（A）；在过梁的顶面不应大于15mm。

A. 5mm   B. 3mm   C. 10mm   D. 8mm

139. 钢筋砖圈梁应采用不低于（B）的建筑砂浆。

A. M2.5   B. M5   C. M7.5   D. M10

140. 屋面瓦施工前，应先检查檐口挂瓦条是否满足檐瓦出檐（D）mm 的要求，无误后方可施工。

A. 20~40   B. 30~50   C. 40~60   D. 50~70

141. 屋面瓦施工做脊时，要求脊瓦内砂浆饱满密实，脊瓦盖住平瓦的边必须大于（C）mm。

A. 20   B. 30   C. 40   D. 50

142. 中国古代建筑的特点在结构上以（C）为主体。

A. 琉璃瓦   B. 造型复杂   C. 木结构   D. 台基和台明

143. 冬期施工的快硬砂浆必须在（B）min 内用完。

A. 5～10   B. 10～15   C. 15～20   D. 20～25

144. 砖过梁底部的模板，应在灰缝砂浆强度不低于设计强度的（A）时，方可拆除。

A. 50%   B. 70%   C. 80%   D. 100%

145. 钢筋砖圈梁应采用不低于（B）的砂浆砌筑。

A. M2.5   B. M5   C. M7.5   D. M10

146. 砌块的搭砌长度，不满足要求时，应在水平缝设置不小于 $2\phi4$ 的钢筋的拉结条，两端应超过该垂直缝，其长度不得小于（A）。

A. 300mm   B. 500mm   C. 1000mm   D. 1200mm

147. 要求砌块最少应错缝（C）砖长，才符合错缝搭接的要求。

A. 1/2   B. 1/3   C. 1/4   D. 1/5

148. 砌砖盘角时，每次盘角的高度不要超过（C）皮砖。

A. 3   B. 4   C. 5   D. 6

149. 当墙面比较长挂线长度超过 20m，线就会因自重而下沉，这时要在墙身的中间砌上一块挑出（B）的腰线砖。

A. 1～2cm   B. 3～4cm   C. 5～6cm   D. 以上答案都不对

150. 后塞口的门窗洞口的砌筑时，第一次的木砖应放在第三或第四皮砖上，第二次的木砖应放在（B）左右的高度。

A. 0.8m   B. 1.0m   C. 1.2m   D. 1.5m

151. 毛石每天的砌筑高度不得超过（B），以免砂浆没有凝固，石材自重下沉造成墙身鼓肚或坍塌。

A. 1.0m   B. 1.2m   C. 1.4m   D. 1.5m

152. 毛石墙的勾缝，外露面的灰缝厚度不得大于（A）mm。

A. 40   B. 50   C. 60   D. 30

153. 架子搭设作业不规范可导致下列（B）事故。

A. 起重伤害　　B. 坍塌　　C. 物体打击　　D. 触电

154. 三级安全教育是指（A）三个层次的安全教育。

A. 公司、项目经理、施工班组

B. 公司经理、项目经理、工长

C. 公司经理、项目经理、施工班组长

D. 企业管理层、项目管理层、作业层

155. 施工现场的进口处应有整齐明显的"五牌一图"，其中的"一图"是指（B）。

A. 建筑总平面图　　　　　B. 施工现场总平面图

C. 消防保卫设施布置图　　D. 文明施工图

156. 安全检查的方法主要有（A）。

A. 量、看、测、现场操作　　B. 量、看、测、靠

C. 量、敲、吊、现场操作　　D. 量、靠、测、吊

157. 建立（C）是施工安全技术措施计划实施的重要保证。

A. 安全教育考核制度　　B. 安全生产责任制

C. 安全技术交底制度　　D. 安全管理目标责任制

158. 根据《建设工程安全生产管理条例》，建设工程安全生产管理坚持（C）的方针。

A. 预防第一、安全为主　　B. 改正第一、罚款为主

C. 安全第一、预防为主　　D. 罚款第一、改正为主

159. 根据《建设工程安全生产管理条例》作业人员进入新的岗位或新的施工环境前必须接受（B）。

A. 质量教育　　　　　B. 安全生产教育培训

C. 生产教育培训　　　D. 机械操作规程培训

160. 根据《建设工程安全生产管理条例》，施工单位在采用（C）时，应当对作业人员进行相应的安全生产教育培训。

A. 新技术、新工艺、新设备、新原料

B. 新技术、新方法、新设备、新材料

C. 新技术、新工艺、新设备、新材料

D. 新能源、新工艺、新设备、新材料

161. 安全生产的管理根本目的是（D）。

A. 没有事故，不出危险

B. 未造成人身伤亡，财产损失

C. 提高企业管理水平

D. 保证生产经营活动中的人身安全，财产安全，促进经济发展

162. 施工现场悬挂警示标志的目的是（C）。

A. 为了装饰　　　　　　　　B. 上级要求

C. 引起人们注意，预防事故发生　　D. 管理科学化的要求

163. 砖墙砌筑一层以上或（B）m 以上高度时，应设安全网。

A. 3　　B. 4　　C. 5　　D. 6

164. 沉降缝与伸缩缝的不同之处在于沉降缝是从房屋建筑的（B）在构造上全部断开。

A. ±0.000 处　　B. 基础处　　C. 防潮层处　　D. 地圈梁处

165. 材料在外力作用下产生变形，外力去掉后变形不能完全恢复，且材料也不立即破坏的性质称为（B）。

A. 弹性　　　B. 塑性　　　C. 韧性　　　D. 脆性

166. 下列材料属于水硬性胶凝材料的是（D）。

A. 石膏　　B. 水玻璃　　C. 石灰　　　D. 水泥

167. 生石灰的储存时间不宜过长，一般不超过（B）时间。

A. 三个月　　　B. 一个月　　　C. 15d　　　D. 一个半月

168. 承重黏土空心砖有较高的抗腐蚀性及耐久性，保温性能（A）普通黏土砖。

A. 优于　　　B. 等于　　　C. 近似等于　　　D. 低于

169. 某一砌体，轴心受拉破坏，沿竖向灰缝和砌块一起断裂，主要原因是（B）。

A. 砂浆强度不足　　　B. 砖抗拉强度不足

C. 砖砌前没浇水　　　D. 砂浆不饱满

170. 砖砌体沿竖向灰缝和砌体本身断裂，称为沿砖截面破

坏其原因是（C）。

A. 砂浆之间粘结强度不足　　B. 砂浆层本身强度不足

C. 砖本身强度不足　　　　　D. A 和 B

171. 中型砌块上下搭砌长度（B）。

A. 不得小于砌块高度的 1/4，且不宜小于 100mm

B. 不得小于砌块高度的 1/3，且不宜小于 150mm

C. 不得小于砌块高度的 1/4，且不宜小于 150mm

D. 不得小于砌块高度的 1/3，且不宜小于 100mm

172. 砌体转角和交界处不能同时砌筑，一般应留踏步槎，其长度不应小于高度的（D）。

A. 1/4　　　B. 1/3　　　C. 1/2　　　D. 2/3

173. 规范规定每一楼层或（D）立方米砌体中的各种强度等级的砂浆，每台搅拌机每个台班应至少检查一次，每次至少应制作一组试块。

A. 50　　　B. 100　　　C. 150　　　D. 250

174. 施工组织设计中，考虑施工顺序时的"四先四后"是指（A）。

A. 先地下后地上，先主体后围护，先结构后装饰，先土建后设备

B. 先上后下，先算后做，先进料后施工，先安全后生产

C. 先地上后地下，先围护后主体，先装饰后结构，先设备后土建

D. 先地下结构后地上围护，先土建主体后装饰设备

175. 雨期施工时，每天的砌筑高度不宜超过（A）。

A. 1. 2m　　　B. 1. 5m　　　C. 2m　　　D. 4m

176. 施工测量就是把设计好的（C）按设计的要求，采用测量技术测设到地面上。

A. 建筑物的长度和角度

B. 建筑物的距离和高差

C. 建筑物的平面位置和高程

D. 建筑物的距离、角度和高差

177. 一般民用建筑是由基础、墙和柱、楼板和地面、（D）、屋顶和门窗等基本构件组成。

A. 独立基础　　B. 雨篷　　　C. 阳台　　D. 楼梯

178. 工业厂房建筑的基本构造分为（B）和围护结构。

A. 框架结构　B. 承重结构　C. 排架结构　D. 钢结构

179.《砌体结构工程施工质量验收规范》GB 50203—2011中，砌体工程用块材分为砖、石、（D）。

A. 烧结普通砖　　B. 烧结多孔砖

C. 烧结空心砖　　D. 小型砌块

180. 复杂施工图包括异形平面、立面建筑物的施工图，（C），古建筑类的施工图。

A. 圆形平面　　　　　　　B. 扇形平面

C. 造型复杂的构筑物的施工图　　D. 多边形图

181. 烧结空心砖根据孔洞及其排数、尺寸偏差、外观质量、（A）和耐久性能分为优等品、一等品和合格品三个等级。

A. 强度等级　B. 耐磨性　C. 耐水性　　D. 孔洞率

182. 空心砖墙宜采用"（C）"进行砌筑。

A. 条砌法　B. 沙包式　C. 满刀灰刮浆法　D. 十字式

183. 砖砌体水平灰缝的砂浆饱满度不得小于（B）。

A. 75%　B. 80%　C. 90%　D. 95%

184. 施工所用的小砌块的产品龄期不应小于（C）。

A. 3d　B. 7d　C. 28d　D. 21d

185. 小砌块砌体砂浆必须密实饱满，竖向灰缝的砂浆饱满度不得低于80%，水平灰缝的砂浆饱满度应按净面积计算，不得低于（A）。

A. 90%　　B. 80%　　C. 85%　　D. 95%

186. 工程质量事故的特点：复杂性、严重性、（B）、多发性。

A. 不变性　　B. 可变性　　C. 单一性　　D. 稳定性

187. 施工方案的选择包括确定施工程序，确定施工起点流向，（A）选择施工方法和施工机械，主要技术组织措施等。

    A. 分部分项工程施工顺序   B. 确定水平运输方式

    C. 确定垂直运输方式   D. 确定脚手架类型

    188. 砌筑砂浆所用的石灰膏的熟化时间不得少于（C）d。

A. 5   B. 6   C. 7   D. 8

    189. 施工单位内部施工图自审，应由（D）主持。

    A. 管理人员   B. 预决算人员

    C. 技术骨干   D. 技术负责人

    190. 表述建筑物局部构造的节点的施工图是（B）。

    A. 剖面图   B. 详图   C. 平面图   D. 俯视图

    191. 砌体工程冬期施工法有：（B）、冻结法、其他方法。

    A. 暖棚法   B. 掺盐法   C. 快硬砂浆法   D. 电气加热法

    192. 从（C）中可以看到建筑物主要承重构件的相互关系。

    A. 平面图   B. 立面图   C. 剖面图   D. 详图

    193. 砖墙高度为 3.2m，在雨天施工时，最短允许（C）d
砌完。

    A. 1   B. 2   C. 3   D. 4

    194. （A）是用于检查砌体水平缝砂浆饱满度的工具。

    A. 百格网   B. 塞尺   C. 方尺   D. 龙门板

    195. 常温下砌筑砌块墙体时，铺灰长度最多不宜超过
（A）m。

    A. 1   B. 2   C. 3   D. 5

    196. 墙厚在（C）以下宜采用双面挂线。

    A. 240mm   B. 180mm   C. 370mm   D. 490mm

    197. 砖墙每天砌筑高度一般不超过（D）m。

    A. 1.2   B. 1.4   C. 1.6   D. 1.8

    198. 矩形砖柱的截面的最小尺寸一般为（D）mm。

    A. 240×120   B. 240×240

    C. 240×180   D. 240×365

    199. 对于实心砖砌体宜采用（A）砌筑，容易保证灰缝

饱满。

　　A. "三一" 砌砖法　　　B. 挤浆法

　　C. 刮浆法　　　　　　　D. 满口灰法

　　200. 砂浆应采用机械搅拌，其有效搅拌时间不应少于（A）min。

　　A. 2　　B. 3　　C. 4　　D. 5

　　201. 凡坡度大于（B）的屋面称为坡屋面。

　　A. 10%　　B. 15%　　C. 20%　　D. 25%

　　202. 挂瓦时，屋面坡度大于（B）时，所有的瓦都要用铁丝固定。

　　A. 15°　　B. 30°　　C. 45°　　D. 60°

　　203. 在金属容器内或潮湿处工作时，行灯电压不能超过（B）。

　　A. 6V　　B. 12V　　C. 36V　　D. 110V

　　204. 化粪池的埋至深度一般均大于（D）m，且要在冻土层以下。

　　A. 1. 5　　B. 2. 0　　C. 2. 5　　D. 3. 0

　　205. 砖基础采用（A）的组砌方法，上下皮竖缝至少错开1/4 砖长。

　　A. 一顺一丁　　　　　B. 全顺

　　C. 三顺一丁　　　　　D. 两平一侧

　　206. 多孔砖砌体根据砖的规格尺寸，留置斜槎的长高比一般为（A）。

　　A. 1:2　　B. 1:3　　C. 1:4　　D. 1:5

　　207. 砌体外露面的砂浆保护层的厚度不应小于（B）mm。

　　A. 10　　B. 12　　C. 15　　D. 20

　　208. 强度等级高于 M5 的砂浆，砂的含泥量不应大于（B）。

　　A. 3%　　B. 5%　　C. 10%　　D. 15%

　　209. 采用掺氯盐法施工时，砂浆的温度不应低于（C）。

　　A. −5℃　　B. 0℃　　C. 5℃　　D. 10℃

210. 盘角时，砖层上口高度宜比皮数杆标定皮数低（C）mm。

A. 2 ~ 3　　B. 3 ~ 5　　C. 5 ~ 10　　D. 10 ~ 15

211. 烟囱外壁的灰缝要勾成（C）。

A. 平缝　　B. 凹缝　　C. 斜缝　　D. 凸缝

212. 下列（C）不是古建筑中屋面工程中使用的瓦类。

A. 小青瓦　　B. 筒瓦　　C. 板瓦　　D. 琉璃瓦

213. 烟囱每天的砌筑高度宜控制在（A）m。

A. 1. 6 ~ 1. 8　B. 1. 8 ~ 2. 4　C. 2. 0 ~ 2. 5　D. 2. 5 ~ 3. 0

2. 4　简答题

1. 简述清水墙勾缝前的准备工作。

答：清水墙就是外面不做粉刷，只将灰缝勾抹严实，砖面直接暴露在外的砖墙。勾缝以前应先将脚手架手眼清理干净并洒水湿润，再用与原墙相同的砖补砌严密，同时要把门框窗框周围的缝隙用 1∶3 水泥砂浆堵严嵌实，深浅要一致，并要把碰掉的外窗台等补砌好。以上工作做完以后，要对灰缝进行整理，对偏斜的灰缝用扁钢凿剔凿，缺损处用 1∶2 水泥砂浆加氧化铁红调成与墙面相似的颜色修补，对于抠挖不深的灰缝要用钢凿剔深，最后将墙面粘贴的泥浆、砂浆、杂物等清除干净。

2. 如何区分承重空心砖和非承重空心砖？

答：（1）从规格区分，承重空心砖的规格主要为 240mm × 115mm × 90mm。非承重空心砖的规格为 290mm × 190mm × 115mm。（2）从孔洞区分，承重空心砖为多孔砖，孔洞率不大于 25%，孔径一般为 $\phi 18 ~ \phi 22$mm。非承重空心砖一般为三孔大孔砖。

3. 弧形墙砌筑时应掌握哪些要点？

答：（1）根据施工图注明的角度与弧度放出局部实样，按实墙作出弧形套板。（2）根据弧形墙身墨线摆砖，压弧段内试砌并检查错缝。（3）立缝最小不小于 7mm，最大不大于 12mm。

（4）在弧度较大处采用丁砌法，在弧度较小处采用丁顺交叉砌法。（5）在弧度急转的地方，加工异形砖、弧形砌块。（6）每砌 3~5 皮砖用弧形样板沿弧形墙全面检查一次。（7）固定几个固定点用托线板检查垂直度。

4. 房屋定位方法有哪几种？

答：施工现场房屋定位的方法一般有 4 种：（1）依据总平面图建筑方格网定位；（2）依据建筑红线定位；（3）依据建筑的相互关系定位；（4）依据现有道路中心线定位。

5. 施工员向班组的技术交底有哪几种方式？

答：施工员向班组的技术交底有书面交底、口头交底、挂牌交底、样板交底和模型交底等 5 种方式。以书面交底为主。

6. 什么是估工估料？

答：估工估料是施工行业中的俗称，就是估算一下为完成某一个分部分项工程，需要多少人工和材料。

7. 什么是强度和刚度？

答：强度是指构件在荷载作用下抵抗破坏的能力。刚度是构件在外力作用下抵抗变形的能力。

8. 施工组织设计的作用是什么？

答：施工组织设计是建筑工程进行施工准备，规划工程项目全部施工活动，并指导施工活动的重要技术经济文件，是合理组织施工过程和加强企业管理的重要措施之一。从施工全局出发，根据工期要求、材料、构件、机具和劳动力供应情况，协作单位的施工配合和其他现场条件进行周密的考虑，以最少的资源消耗完成质量优良的建筑产品。

9. 简述地面工程的构造层次？

答：地面的构造层次依次为：面层、结合层、找平层、防水层、保温层、垫层、基土。

10. 简述清水墙的弹线、开补方法。

答：先将墙面清理冲刷干净，再用与砖墙同样颜色的青梅或研红刷色，然后弹线。弹线时要先拉通线检查水平缝的高低，用粉线袋根据实际确定的灰缝大小弹出水平灰缝的双线，再用线坠从上向下检查立缝的左右，根据水平灰缝的宽度弹出垂直灰缝的双线。开补时灰缝偏差较大用扁凿开凿两边凿出一条假砖缝，偏差较小的可以一面开凿。砖墙面有缺角裂缝或凹缝较大的要嵌补。开补一般先开补水平缝，再开补垂直缝。然后可进行墙面勾缝。

11. 砖基础大放脚收退的原则是什么？

答：砖基础大放脚的收退应遵循"退台压顶"的原则。

12. 分项工程质量评定达到合格的基本条件是什么？

答：（1）保证项目必须符合相应质量检验评定标准的规定。（2）基本项目抽检的处或件应符合相应质量检验评定标准的合格规定。（3）允许偏差项目抽检的点数中的实测值在相应质量检验标准的允许偏差范围内，其合格率不应低于规定。

13. 烟囱囱身开裂的原因是什么？

答：（1）施工操作人员忽视对砖块浇水或因砂浆饱满度不好而造成裂缝。（2）施工不慎将砖块残渣掉入隔气层，隔气层被填塞，造成裂缝。（3）砖或水泥质量存在问题造成裂缝。（4）烘烤时升温或降温过快造成裂缝。

14. 什么是劳动定额？

答：劳动定额是直接下达到施工班组单位产量用工的依据，它反映了建筑工人在正常的施工条件下，按合理的劳动生产水平，为完成单位合格产品所规定的必要劳动消耗量的限额。劳动定额也称人工定额。

15. 空心墙、空斗墙面组砌混乱表现在什么地方？原因是什么？

答：（1）墙面组砌方法混乱表现在丁字墙、附墙柱等接槎处出现通缝。（2）原因是操作人员忽视组砌形式，排砖时没有全墙通盘排砖就砌筑。或是上下皮砖在丁字墙、附墙柱处错缝搭砌没有排好砖。

16. 怎样检验小青瓦的质量？

答：检查时既要看外观成色又要听声音，好的瓦应该是色泽一致，尺寸相同，弯曲弧度相等，轻轻敲击时声音清亮。从外观看瓦片不得含有石灰等杂质，不得有较大裂缝翘曲变形、欠火较重等现象。

17. 如何克服砖基础大放脚水平灰缝高低不平质量问题。

答：做到盘角时灰缝要均匀，每层砖都要与皮数杆对平。砌筑时要左右照顾，避免留槎处高低不平。砌筑时准线要收紧。不收紧准线不可能平直均匀一致。

18. 力的三要素是什么？

答：力三要素是指力的大小、方向和作用点。

19. 简述砖栱砌筑的工艺。

答：准备工作→模架支撑→材料运输→砖栱砌筑→养护→紧好拉杆、落拆模架→全面检查、结束施工。

20. 什么叫结构？

答：建筑物中支承荷载起承重作用的骨架称为结构。

21. 什么是掺盐砂浆法？

答：冬期施工时，在普通砂浆里，根据气温情况适量掺加氯盐，使砂浆在负温下不冻，可以继续缓慢增长强度的一种施工方法。

22. 为什么建筑物要设变形缝？

答：为防止建筑物由于设计长度过长，气温变化造成砌体热胀冷缩；以及因荷载不同、地基承载能力不均、地震等因素，造成建筑物内部构件发生裂缝和破坏，所以要设变形缝。

23. 什么是建筑红线？

答：在工程建设中，新建一栋或一群建筑物，均由城市规划部门批准给设计和施工单位规定建筑物的边界线，该边界线称为建筑红线。

24. 什么是定额水平？

答：定额所规定的人工、材料、机械台班的消耗标准称为定额水平。

25. 简述混水异形墙的砌筑工艺。

答：准备工作→拌制砂浆→异形墙砌筑→检查纠偏→清理，完成砌筑。

26. 施工平面布置图一般应包括哪些内容？

答：施工平面布置图一般应包括以下内容：（1）在施工现场范围内，一切平地上已有的有关建筑物及地下设施的位置和尺寸。（2）拟建房屋的位置和尺寸。（3）为该建筑物施工服务的一切临时设施和物品的布置。其中包括施工机械位置，建筑材料和半成品的堆放，临时供水供电网的布置，各种临时设施的位置和尺寸。

27. 什么情况下属于冬期施工？

答：规范规定，当预计连续 10d 内的平均气温低于 +5℃时或当日最低气温低于 -3℃时，即属于冬期施工阶段。

28. 试分析小青瓦屋面渗漏的原因。

答：小青瓦屋面渗漏的原因：（1）从工艺上分析有屋面坡度不够，基层材料刚度不足，铺设不平引起的出水不畅或局部倒泛水，也有细部处理不当引起的。（2）从瓦片质量分析，因瓦片材质差，如缺角、砂眼多，有裂缝和翘曲等缺陷引起的。

29. 简述 6m 以上清水墙角砌筑工艺。

答：准备工作→确定组砌方法→排砖撂底→盘角留槎→检查角的垂直、兜方、游丁走缝→继续组砌到标高。

30. 什么是地震烈度？

答：烈度是地震力对人产生的震动感受以及对地面和各类建筑物受一次地震影响的强弱程度。

31. 古建筑中墙体的组砌形式有几种？

答：古建筑中墙体的组砌方法一般有三种：（1）满丁满条十字缝砌法；（2）一顺一丁砌法；（3）三顺一丁砌法。

32. 什么叫流水节拍？

答：流水节拍是施工班组为完成某一工序住一个施工段上的延续工作时间。

33. 什么是填充墙砌体？

答：填充墙砌体的应用数量越来越大，范围越来越广。其类型有空心砖砌体、蒸压加气混凝土砌块、轻骨料混凝土小型空心砌块砌体，以及建筑节能的各种夹心墙、复合墙和混合墙等。

34. 砌筑作业面垫高有何规定？

答：不准用固定的工具或物体在脚手板面垫高操作，更不准在未经过加固的情况下，在一层脚手架上再叠加一层，脚手板不允许有空心现象。

35. 砌筑作业应注意哪些安全要求？

答：砌筑用高凳上铺脚手板，宽度不得少于两块脚手板（50cm），间距不得大于2m，移动高凳时上面不能站人，作业人员不得超过两人。高度超过2m时，由架子工搭设脚手架，严禁脚手架搭在门窗、暖气片等非承重的器物上。严禁踩在外脚手架的防护栏杆和阳台板上进行操作。

36. 简述施工质量事故处理的方式？

答：（1）返工处理：重新施工或更换零部件，自检合格后重新验收；（2）返修处理：适当的加固补强，修复缺陷，自检合格后重新验收；（3）让步处理：没有达到设计标准，但不影响结构安全和正常使用，经业主同意后可予以验收；（4）降级处理：达不到设计要求，形成永久缺陷，但不影响结构安全和正常使用，双方协商验收；（5）不作处理：轻微缺陷可通过后续工程修复。

37. 简述砖瓦工审图要点？

答：（1）审图过程：基础→墙身→屋面→构造→细部；

（2）先看说明，轴线、标高尺寸是否清楚吻合；

（3）节点大样是否齐全、清楚；

（4）门窗位置、尺寸、标高是否清楚齐全；

（5）预留洞口、预埋件的位置、尺寸、标高是否清楚齐全；

（6）使用的材料是否满足；

（7）有无特殊要求或困难；

（8）与其他工种的配合情况。

38. 对有裂缝的砌体如何验收？

答：（1）对可能影响结构安全性的砌体裂缝，应由有资质的检测单位检测鉴定，需返修或加固处理的，待处理满足使用要求后再进行验收；

（2）对不影响结构安全性的砌体裂缝，应予以验收，对明显影响使用功能和观感质量的裂缝，应进行处理。

39. 如何进行砌筑砂浆试块强度的检验、判定？

答：抽检数量：每一检验批且不超过 $250m^2$ 的砌体的各种类型及强度的砌筑砂浆，每台搅拌机应至少抽检一次。

检验方法：在砂浆搅拌机出料口随机取样（同盘砂浆只应制作一组试块），最后检查试块强度报告。

强度判断：同一验收批砂浆试块抗压强度平均值必须大于或等于设计强度等级所对应的立方体抗压强度；同一验收批砂浆试块抗压强度的最小一组平均值必须大于等于设计强度等级所对应的立方体抗压强度的 0.75 倍。

40. 根据《砌体结构工程施工质量验收规范》GB 50203—2011 规定，冬期施工所用材料有哪些要求？

答：（1）石灰膏、电石膏应防止冻结，如遇冻结，应经融化后使用；

（2）拌制砂浆用砂，不得含有冰块和大于10mm 的冻结块；

（3）砌体用砖或其他块材不得遭水浸冻。

41. 班组的质量管理的内容主要有哪些？

答：（1）树立"质量第一"和"谁施工谁负责质量"的观念，认真执行质量管理制度。

（2）严格按图、按施工规范和质量检验标准施工，确保质量符合设计要求。

（3）开展自检互检交接检制度，把好工序质量关。

（4）坚持"五不"施工：质量标准不明不施工，工艺方法不符合要求不施工，机具不完好不施工，原材料不合格不施工，上道工序不合格不施工。

（5）坚持"四不放过"：质量事故原因不清不放过；无防范措施或未落实不放过；事故责任人和群众没有受到教育不放过；责任人未受到处罚不放过。

42. 施工现场一般需要针对施工特点制定哪些措施？

答：技术措施、质量措施、安全措施、降低成本措施和现场安全文明施工措施。

43. 施工组织设计的作用是什么？

答：施工组织设计是建筑工程进行施工准备，规划工程项目全部施工活动，并指导施工活动的重要技术经济文件，是合理组织施工过程和加强企业管理的重要措施之一。从施工全局出发，根据工期要求，材料、构件、机具、劳动力供应情况，协作单位的施工配合等进行周密的考虑，以尽可能少的资源消耗，完成质量优良的建筑产品。

44. 烟囱身开裂的原因是什么？

答：（1）施工操作人员忽视对砖块的浇水或因砂浆的饱满度不好而造成裂缝。

（2）施工不慎将砖块残渣掉入隔气层，隔气层被填塞造成裂缝。

（3）砖和水泥质量存在问题造成裂缝。

（4）烘烤时升温太快或降温过快造成。

45. 筒瓦的质量要求有哪些？

答：一般来讲有以下几方面：

（1）选瓦必须严格，不应有缺角、砂眼、裂纹和翘曲等缺陷。

（2）铺底瓦时，瓦棱中所用的掺灰泥应填实达到饱满，粘接牢固。

（3）筒瓦的相邻上下两张的接头应吻合紧密。

（4）屋面弧形曲线应符合设计要求，屋脊的线条应柔和匀称，屋脊两端头应在同一标高上。

（5）斜沟和泛水的质量应符合设计要求，檐口瓦出檐应一致。

46. 掺盐施工的定义是什么？有何特点？适用情况如何？

答：冬期施工时，在普通砂浆里根据气温情况适量掺加食盐，使砂浆在负温度下不冻，可以继续缓慢增长强度的施工方法。特点是强度较其他增长要快一点，而且货源充足，施工方便。但对于发电厂、变电所等工程和装饰要求较高的工程、湿度比较大的工程、经常受高温影响的工程、经常处于地下水变化的工程，不可用掺盐法。

2.5 计算题

1. 烟囱在 ±0.00 处的外径是 5m，有 2% 的收势坡度。烟囱在 50m 高处外径是多少？

【解】（1）在 50m 处应收：$50 \times 2\% = 1m$。

（2）在 50m 处外径：$5 - (1 \times 2) = 3m$。

答：烟囱在 50m 高处外径是 3m。

2. 某方形柱其截面尺寸为 50cm × 50cm，承受轴心压力。$P = 50000kg$ 求方形柱的截面应力。

【解】（1）方形柱的截面面积：

$A = 50 \times 50 = 2500cm^2$，$P = 50000kg$

（2）方形柱的截面应力：$\sigma = \dfrac{P}{A} = \dfrac{50000}{2500} = 20kg/cm^2$

答：方柱的截面应力是 $20kg/cm^2$。

3. 某建筑物一层层高 2.5m，长 15m，宽 5m（24 墙），有 4 个 1.5m × 1.5m 的窗和两个 1m × 2m 的门，计算应用红机砖多少，用砂浆多少（每立方米砌体使用砂浆 $0.26m^3$）？

【解】（1）建筑物墙体积：

$(15 + 5) \times 2 \times 2.5 \times 0.24 = 24m^3$

（2）门窗体积：$(1.5 \times 1.5 \times 4 + 1 \times 2 \times 2) \times 0.24 = 3.12m^3$

（3）砖墙的实际体积：$24-3.12=20.88m^3$

（4）需用砖：$20.88×512=10690.56≈10691$ 块

（5）需用砂浆：$20.88×0.26=5.429m^3$

答：需用砖 10691 块，砂浆 $5.429m^3$。

4. 有一砖围墙长 30m，高 1.5m，厚 240cm，每隔 5m 有一个 370mm×120mm 的附墙砖垛。已知砌砖每立方米用 0.522 工日，用砂浆 $0.26m^3$。每立方米砂浆用水泥 180kg，砂 1600kg。计算应用多少工日？多少水泥？多少砂子？

【解】（1）计算工程量：

墙身总量为：$30×1.5×0.24=10.8m^3$

附墙总量为：$1.5×0.37×0.12（30÷5+1）=0.466m^3$，

则总砌砖量为：$10.8+0.466=11.266m^3$

（2）计算工日数：$0.522×11.266=5.881$ 工日

（3）计算砂浆：$0.26×11.266=2.929m^3$

则用水泥：$2.929×180=527.22kg$

用砂子：$2.929×1600=4686kg$

答：应用 5.881 工日，527.22kg 水泥，4686kg 砂子。

5. A 点的绝对标高是 49.60m，后视 A 点的读数是 1.524m，前视 B 点的读数是 2.531m，后视 B 点的读数是 1.730m，前视 C 点的读数是 2.150m。求 C 点的绝对标高？

【解】（1）求 B 点的绝对标高：

$49.60+1.524-2.531=48.593m$

（2）C 点的绝对标高：$48.593+1.730-2.150=48.173m$

答：C 点的绝对标高是 48.173m。

6. 某一 40cm×60cm 的矩形柱，受轴心压力 $P=4800kg$，求矩形柱的截面应力。

【解】（1）矩形柱的截面面积：$A=40×60=2400cm^2$

（2）求矩形柱的截面应力：$\sigma=\dfrac{P}{A}=\dfrac{4800}{2400}=20kg/cm^2$

答：矩形柱的截面应力为 $20kg/cm^2$

7. A 点的绝对标高为 60.50m。后视 A 点的读数是 1.72m，前视 B 点的读数是 2.45m。B 点的绝对标高是多少？

【解】（1）B 点对 A 点的高差：

$$H_{AB} = 1.72 - 2.45 = -0.73m$$

（2）B 点的绝对标高：

$$H_B = H_A + H_{AB} = 60.50 + (-0.73) = 59.77m$$

答：B 点的绝对标高是 59.77m。

8. 一段 240mm 砖墙高 2.5m，试计算其高厚比，已知 $u_3 = 1.05$。

【解】（1）砖柱计算高度为：

$$H_0 = u_3 H = 1.05 \times 2.5 = 2.625m$$

（2）高厚比为：$\beta = H_0 / h = 2.625 / 0.24 = 10.938$

答：这一砖墙的高厚比是 10.938。

9. 截面尺寸为 300mm × 500mm 矩形钢筋混凝土简支梁，净跨度为 6m，上面承受均布荷载为 $1800kN/m^2$，计算最大弯矩及支座反力。

【解】（1）均布线荷载为：$q = FB = 1800 \times 0.3 = 540kN/m$

（2）计算跨度为：$L = 1.05$ $L_0 = 1.05 \times 6 = 6.3m$

（3）最大弯矩为：$M_{max} = 1/8 qL^2 = 1/8 \times 540 \times 6.3^2$
$$= 2679.1kN \cdot m$$

（4）支座反力为：$N = V_{max} = 1/2 qL = 1/2 \times 540 \times 6.3$
$$= 1701kN$$

答：最大弯矩为 2116.8kN·m；支座反力为 1008kN。

10. 某一下水管道长 80m，设计要求 2‰的坡度，试计算下水管道两端的高差。

【解】$H_0 = 80 \times 2‰ = 0.16m$

答：下水管道两端的高差是 0.16m。

2.6 实际操作题

1. 砌筑一层清水砖墙（有洞口）

表 1-1

考核项目及评分标准

序号	考核项目	允许偏差	评分标准	满分	检测点					得分
					1	2	3	4	5	
1	选砖		表面质量指标达不到要求无分；	5						
2	轴线偏移	10mm	超过 10mm，每处扣 1 分；超过 3 处不得分；1 处超过 20mm 不得分；	10						
3	垂直度	5mm	每层超过 5mm 每处扣 1 分；超过 3 处不得分；1 处超过 10mm 不得分	10						
4	墙面平整度	8mm	超过 8mm 每处扣 1 分；超过 3 处不得分；1 处超过 10mm 不得分	10						
5	水平灰缝平整度	7mm	超过 7mm 每处扣 1 分；超过 3 处或 1 处超过 14mm 不得分	10						
6	水平灰缝厚度	±8mm	10 皮砖累计超出 8mm 每处扣 1 分；3 处以上或 1 处超过 15mm 不得分	10						
7	墙面游丁走缝	20mm	超过 20mm 每处扣 1 分；3 处以上或 1 处超过 35mm 不得分	15						
8	洞口偏移	20mm	超过 20mm 无分（中心偏移 ±10mm）	5						
9	砂浆饱满度	80%	小于 80% 每处扣 1 分；5 处以上不得分	10						
10	洞孔两侧对称		有不对称不得分	5						
11	安全、文明施工		有事故无分，工完场不清无分	5						
12	工效		完不成定额适当扣分，达到定额得分，超定额加分	5						

106

2. 铺筑小青瓦屋面

考核项目及评分标准
表 2-1

序号	考核项目	允许偏差	评分标准	满分	检测点					得分
					1	2	3	4	5	
1	瓦		选瓦不符合要求无分	10						
2	检查修理基层		无此工序者无分；修理不符合要求者酌情扣分	5						
3	做边楞端老头瓦		做法不符合要求者无分。搭扣小于 40mm 者扣分，小于 2mm 者无分	10						
4	筑脊		做法不符合要求无分；脊不直有波浪，脊与瓦接缝处渗漏者无分。无明显波浪者酌情扣分	10						
5	铺瓦		瓦与瓦搭接长度不符合要求者酌情扣分，瓦片窝坐不牢者无分	15						
6	檐口瓦		檐口瓦出檐不一致者无分，出檐口小于 50mm 者无分，檐口瓦盖瓦抬高小于 30mm 或大于 80mm 者无分，在 30~80mm 之间高低不一致酌情扣分	15						
7	瓦楞		瓦楞不直外观不整齐者无分	5						
8	细部		斜沟烟囱等与屋面相连的细部没做好渗漏者无分	10						

序号	考核项目	允许偏差	评分标准	满分	检测点					得分
					1	2	3	4	5	
9	安全、文明施工		（1）上瓦时不符合要求无分；（2）有事故无分；（3）工完场不清无分；（4）脚手架防护不符合要求无分	10						
10	工效		低于定额90%无分；90%～100%者酌情扣分；超过定额适当加1~3分	10						

3. 铺筑普通黏土砖地面（砂垫层）

考核项目及评分标准　　　　表 3-1

序号	考核项目	允许偏差	评分标准	满分	检测点					得分
					1	2	3	4	5	
1	砖		选砖色泽不均匀，板块有裂纹，掉角和缺楞的无分	10						
2	空鼓		与基层结合不牢固，空鼓无分	10						
3	泛水		坡度不符合要求，倒泛水的无分	10						
4	表面平整度	8mm	超过8mm者每处扣1分；超过3处及1处超过15mm者无分	15						
5	缝格平直	8mm	超过8mm者每处扣1分；超过3处及1处超过15mm者无分	10						

序号	考核项目	允许偏差	评分标准	满分	检测点					得分
					1	2	3	4	5	
6	接缝高低差	1.5mm	超过 1.5mm 每处扣 1 分；超过 3 处及 1 处超过 2.5mm 者无分	10						
7	间隙宽度	5mm	超过 5mm 每处扣 1 分；2 处以上及 1 处超过 8mm 无分	10						
8	安全、文明施工		有事故无分，工完场不清无分	10						
9	工具使用及维护		施工前后检查两次酌情扣分	5						
10	工效		低于定额 90% 无分；在 90%～100% 者酌情扣分；超过定额者适当加 1～3 分	10						

4. 砌筑—有大角的空斗墙（清水墙）

考核项目及评分标准　　　　表 4-1

序号	考核项目	允许偏差	评分标准	满分	检测点					得分
					1	2	3	4	5	
1	砖		性能指标达不到要求无分	5						
2	组砌方法		组砌方法不正确无分	15						
3	拉结筋		误差超过 20cm 每处扣 1 分；3 处以上及超过 40cm 者不得分	10						
4	轴线位移	10mm	超过 10mm 者每处扣 1 分；3 处以上及 1 处超过 20mm 者不得分	5						

序号	考核项目	允许偏差	评分标准	满分	检测点					得分
					1	2	3	4	5	
5	垂直度	5mm	超过 5mm 者每处扣 1 分；3 处以上及 1 处超过 10mm 者不得分	10						
6	表面平整度差	5mm	超过 5mm 每处扣 1 分；3 处以上及 1 处超过 8mm 者不得分	10						
7	水平灰缝平直度	7mm	10mm 以内超过 7mm 每处扣 1 分；3 处及 1 处超过 14mm 者不得分	10						
8	水平灰缝度（10 皮砖计）	±8mm	超过 8mm 者每处扣 1 分；3 处以上及 1 处超过 15mm 者不得分	10						
9	工具使用及维护		施工前后进行 2 次检查酌情扣分	7						
10	安全、文明施工		有事故无分，工完场不清无分，墙面不清洁无分	8						
11	工效		低于定额 90% 无分；在 90% ~ 100% 者酌情扣分；超过定额适当加 1 ~ 3 分	10						

5. 砌清水方柱

考核项目及评分标准　　　　　表 5-1

序号	考核项目	允许偏差	评分标准	满分	检测点					得分
					1	2	3	4	5	
1	砖		性能指标达不到要求无分	5						
2	组砌方法		组砌方法不正确无分	15						

序号	考核项目	允许偏差	评分标准	满分	检测点					得分
					1	2	3	4	5	
3	轴线偏差	10mm	超过10mm者扣分；超过20mm无分	10						
4	垂直度	5mm	超过5mm者扣分；超过20mm者无分	10						
5	平整度	5mm	超过5mm者扣分；超过10mm者无分	10						
6	水平灰缝厚度	±8mm	10皮累计超过8mm者扣分；超过15mm者无分	10						
7	水平灰缝平直度	7mm	超过7mm者扣分；超过14mm者无分	5						
8	表面清洁度		表面不清洁无分	5						
9	阴阳角方正		超过3mm扣分；超过6mm者无分	5						
10	工具使用和维护		施工前后检查两次酌情扣分	7						
11	安全、文明施工		有事故无分；工完场不清无分	8						
12	工效		低于定额90%无分；在90%~100%之间酌情扣分，超过定额适当加1~3分	10						

6. 铺筑水泥混凝土板块地面（砂垫层）

考核项目及评分标准　　　　　　　　表6-1

序号	考核项目	允许偏差	评分标准	满分	检测点					得分
					1	2	3	4	5	
1	混凝土板块		板块有裂缝、掉角或缺棱的无分	10						

序号	考核项目	允许偏差	评分标准	满分	检测点					得分
					1	2	3	4	5	
2	空鼓		与基层结合不牢固，空鼓无分	10						
3	泛水		坡度不符合要求，倒泛水的无分	10						
4	表面平整度	4mm	超过4mm者每处扣1分；超过3处及1处超过7mm者无分	10						
5	缝格平直	3mm	超过3mm者每处扣1分；超过3处及1处超过6mm者无分	15						
6	接缝高低差	1.5mm	超过1.5mm每处扣1分；超过3处及1处超过2.5mm者无分	10						
7	间隙宽度	6mm	超过6mm每处扣1分；2处以上及1处超过10mm无分	10						
8	安全、文明施工		有事故无分；工完场不清无分	10						
9	工具使用及维护		施工前后检查两次酌情扣分	5						
10	工效		低于定额90%无分；在90%~100%者酌情扣分；超过定额者适当加1~3分	10						

7. 铺筑陶瓷地板砖地面（砂垫层）

序号	考核项目	允许偏差	评分标准	满分	检测点					得分
					1	2	3	4	5	
1	地板砖		选砖色泽不均匀，板块有裂纹，掉角和缺楞的无分	10						
2	空鼓		与基层结合不牢固，空鼓无分	10						
3	泛水		坡度不符合要求，倒泛水的无分	10						
4	表面平整度	2mm	超过2mm者每处扣1分；超过3处及一处超过5mm者无分	15						
5	缝格平直	3mm	超过3mm者每处扣1分；超过3处及1处超过5mm者无分	10						
6	接缝高低差	0.5mm	超过0.5mm每处扣1分；超过3处及1处超过1.5mm者无分	10						
7	间隙宽度	2mm	超过2mm每处扣1分；2处以上及1处超过5mm无分	10						
8	安全、文明施工		有事故无分；工完场不清无分	10						
9	工具使用及维护		施工前后检查两次酌情扣分	5						
10	工效		低于定额90%无分；在90%~100%者酌情扣分；超过定额者适当加1~3分	10						

113

8. 砌清水平碹（立砖，不少于 5 个洞口）

考核项目及评分标准 表 8-1

序号	考核项目	允许偏差	评分标准	满分	检测点 1	2	3	4	5	得分
1	砖		性能指标达不到要求无分	5						
2	碹		不符合要求的无分	10						
3	排砖起拱		排砖不符合要求无分；起拱不在 1%～2% 之间者无分	15						
4	平整度	5mm	超过 5mm 每处扣 1 分；3 处以上及 1 处超过 8mm 无分	10						
5	灰缝		灰缝要饱满，上下口灰缝不得大于 15mm；下口灰缝不得小于 5mm，不符合要求者酌情扣 2～8 分	15						
6	清水墙面		刮缝深度 1～1.2cm，墙面清洁、美观，不符合要求者酌情扣 2～8 分	10						
7	操作方法		按工艺标准操作，不符合要求者无分	10						
8	安全、文明施工		有事故无分，工完场不清无分	10						
9	工具使用及维护		施工前后检查两次酌情扣分	5						
10	工效		低于定额 90% 无分；90%～100% 者酌情扣分；超过定额者加 1～3 分	10						

114

第三部分　高级瓦工

3.1　填空题

1. 砖在 15 次冻融循环后烘干，如果重量损失在<u>2%</u>以内，强度降低值不超过<u>25%</u>，即可认为抗冻性合格。

2. 在古建筑中规定，柱高 10 尺则吻高<u>4 尺</u>。

3. 干摆砖砌法也叫<u>磨砖对缝砌法</u>。

4. 只承受自重的墙体是<u>非承重墙</u>。

5. 高温季节，砖要提前浇水，以水浸入砖周边<u>2cm</u>为宜。

6. 混水墙出现通缝的主要原因是<u>不恰当地避免打七分头造成的</u>。

7. 从防潮层到屋盖完全分开的缝是<u>伸缩缝</u>。

8. 加气混凝土砌块的吸水率较高，一般可达<u>60% ~ 70%</u>。

9. "安全第一"的方针充分体现了<u>以人为本</u>的概念。

10. 当室外日平均气温连续 10d 稳定低于<u>+5℃</u>，砌体施工应采取冬期施工措施。

11. 砌砖工作的四个基本动作是<u>铲灰、铺灰、取砖、摆砖</u>。

12. 抗震设防烈度为<u>9 度</u>的地区建筑物的临时施工洞口位置，应会同设计单位确定。

13. 砖砌体的组砌要遵循三条原则是<u>砌体必须错缝、控制水平缝厚度、墙体之间按规范规定连接</u>。

14. 石砌体因石材形状和加工程度的不同而分为<u>毛石砌体、卵石砌体</u>和<u>料石砌体</u>三种。

15. 毛石砌体基础的砌筑的操作工艺顺序为：准备工作、拌制砂浆、砌筑和收尾工作。

16. 石墙的勾缝要求嵌填密实、粘结牢固，不得有搭槎、毛疵、舌头灰等。

17. 三检制度是指"自检、互检、专检"的检查制度。

18. 坡度超过30°的坡屋面挂瓦，必须用镀锌铁丝将瓦与挂瓦条拴牢。

19. 屋面最主要的功能是防止雨水浸入屋内。

20. 砌筑砂浆分为水泥砂浆、水泥石灰混合砂浆、石灰砂浆3种。

21. 黏土小瓦俗称蝴蝶瓦、阴阳瓦和合瓦、小青瓦等，是我国传统的屋面防水覆盖材料。

22. 黏土脊瓦是与黏土平瓦配合使用的黏土瓦，专门用来铺盖屋脊。

23. 石墙勾缝前也要浇水湿润。

24. 冬期施工规范规定，当预计连续10d内的平均温度低于+5℃时或当日最低气温低于 -3℃时，即属于冬期施工。

25. 定位轴线为建筑、设计施工中的假定控制线，建立在模数制基础上的平面坐标网。

26. "三一"砌筑法就是一铲灰、一块砖、一揉压的砌法。

27. 过梁是设置在门口上方的一般构件，圈梁是设置在墙中的水平封闭构件。

28. 砌毛石墙对石料和砂浆要求质地坚实，裂痕较少，不易风化剥落和裂缝等瑕疵，污垢、水锈应清除。所用砂浆的稠度要适量减小。

29. 砖砌体的组砌要遵循三条原则，砌体必须错缝、控制水平灰缝厚度、墙体之间按规范规定连接。

30. 在铺瓦时从檐口到老头瓦拉线领直，并单垄排瓦，要求瓦面上下搭接2/3，俗称"一搭三"。

31. 我国古典建筑多数采用空斗墙作填充墙。

32. 一般砌三层砖用线坠吊一次大角直不直，五层砖用靠尺靠一次墙面垂直平整度，俗语叫"三层一吊，五层一靠"。

33. 小青瓦铺法分为阴阳瓦屋面和仰瓦屋面两种。

34. 在常温施工时，使用的黏土砖必须在砌筑前 1~2d 浇水浸湿，一般以水浸入砖四边15mm 左右为宜。

35. 安全管理包括安全施工与劳动保护两个方面的管理工作。

36. 抗震设防地区，在墙体内放置拉结筋一般要求沿墙高每500mm 设置一道。

37. 砌筑用石按其外形规则程度分为毛石和料石。

38. 雨天施工应防止基槽灌水和雨水冲刷砂浆，砂浆的稠度应适当减小，每日砌筑高度不宜超过1.2m。

39. 当墙体高度大于4m 时，应在中部设通长钢筋混凝土圈梁。

3.2 判断题

1. 构造柱与圈梁连结成封闭环形，可以有效防止墙体拉裂，并可以约束墙面裂缝的开展。（√）

2. 在梁下加梁垫是为相对提高砌体的局部抗压强度。（√）

3. 房屋均匀沉降，不会发生裂纹。（×）

4. 以一些复杂造型的构筑物绘制的施工图是复杂施工图。（√）

5. 安定性不合格的水泥会使砂浆发生裂缝、破碎而完全失去强度。（√）

6. 砂浆强度是影响砌体高厚比的一项重要因素。（√）

7. 房屋各部分荷载相差悬殊时，裂缝多发生在荷载重的部分。（×）

8. 筒拱屋盖拱座下外墙上钢筋混凝土圈梁，在拱脚处做成斜度是为使拱能均匀支座在受力点上。（√）

9. 山墙处的壁柱宜砌至山墙顶部。风压较大的地区，檩条应与山墙锚固，屋面不宜排出山墙。（√）

10. 沉降缝将房屋从基础顶面到屋顶分开。（×）

11. 混凝土中石子的强度应为设计的混凝土强度的 2 倍以上。（√）

12. 蒸压加气混凝土板超长超宽时，可切锯，但切锯时不应破坏板的整体刚度。（×）

13. 大麻刀灰比麻刀灰中麻刀用量多。（√）

14. 檐墙面每隔一定间距在竖缝处弹墨线是为了控制游丁走缝。（√）

15. 在南方多雨地区，做琉璃屋面时，施工人员可穿拖鞋施工防止破坏瓦面。（×）

16. 多层房屋建筑的轴线应由施工层的下一层引测到施工层。（×）

17. 在建筑施工中，对于质量管理起标准作用的就是小组。（×）

18. 冬期施工，上层土冻结，可采用掏控的方法加快施工进度。（×）

19. 墙体由于开了门窗口截面被削弱，在洞口周边设钢筋混凝土边框是为了使这种削弱得到加强。（√）

20. 砌体的剪切破坏，主要与砂浆强度和饱满度有直接关系。（√）

21. 向坡屋面上瓦时，要前后两坡同时同方向进行。（√）

22. 用混凝土空心砌块砌筑的纵横墙交接处，应用不低于砌块强度的混凝土各填实三个孔洞以构成芯柱。（√）

23. 墙体或柱的高度越高，则稳定性和刚度越好。（×）

24. 铺筑的小青瓦屋面要求瓦楞整齐，与屋檐、屋脊互相垂直，瓦片搭盖疏密一致，瓦片无翘角、破损、张口现象。（√）

25. 编制施工方案的实质就是选择施工方案和选择施工方法。（√）

26. 毛石墙的厚度及毛石柱截面较小边长不宜小于 350mm。（×）

27. 支撑在砖墙、柱上的吊车梁，屋架及跨度大于 9m 的预制梁的端部，应用高强度砂浆砌筑。（×）

28. 异形平、立面建筑物的施工图是复杂施工图。（√）

29. 墙体的长高比越大则墙体的刚度越大。（×）

30. 在屋盖上设置保温层或隔热层是为防止由于收缩和温度变化而引起墙体的破坏。（√）

31. 横墙间距越近则墙体的稳定性和刚度越差。（×）

32. 规范规定每楼层砌体中，每种强度的砂浆至少应做一组试块。（√）

33. 由于女儿墙处设置了圈梁，可以阻止在屋顶面处发生水平裂缝。（×）

34. 限定预应力圆孔板搁置在外墙上的长度是为防止外墙砌体局部受压。（√）

35. 承重黏土实心砖与普通黏土砖相比，黏土用量较少，密度较轻，是节约能源、节约土地的新型材料。（√）

36. 地面以下的砌体也可使用空心砖。（×）

37. 波形屋面瓦具有防水功能。（×）

38. 古建筑中设于金柱和檐柱之间的短梁一般不承受荷载。（√）

39. 墙在古建筑中起承重作用，现代建筑中只起分隔作用。（×）

40. 使人能明显看出修补过的砖雕必须重雕。（√）

41. 在施工时，强调丁砖的中线与下层砖的中线重合，可避免游丁走缝。（√）

42. 遇 4 级以上强风不准进行高处作业。（×）

43. 全面质量管理强调全企业、全体职工对生产全过程进行质量控制。（√）

44. 高级工有向初中级工传授技能的责任。（√）

45. 台基的组砌必须符合要求，磉墩内可适当填放一些碎砖、乱砖。（×）

46. 三角形的杆件组成的桁架是稳定的。（×）

47. 要求砌体同时砌筑不留槎是为加强墙体的整体稳定性和刚度。（√）

48. 烟囱用耐火砖做内衬时，灰缝厚度不应大于 4mm。（√）

49. 钢筋砖过梁和跨度大于 1.2m 的砖砌平栱等结构，外挑长度大于 18cm 的挑檐，在冬期施工时不能采用冻结法施工。（√）

50. 在金属容器内或者潮湿处所工作时，行灯电压不能超过110V。（×）

51. 房屋砌筑在软弱地基上且沉降量较大时，要严格控制墙体的长高比。（√）

52. 长方槽形琉璃瓦本身具有防水性能，但用它铺砌的屋面不能起防水作用。（√）

53. 看复杂的施工图要采取眼看、脑想、手算相结合的办法。（√）

54. 用排列图分析问题应用了"关键的多数，次要的少数"的原理。（×）

55. 两样档次的琉璃零件尺寸最大，九样档次的尺寸最小。（√）

56. 铺瓦时，根据瓦的具体尺寸，两人捧着抱底瓦和盖瓦放中，按线走，就不会出现沟垄不直的现象。（√）

57. 基础不均匀下沉，建筑物倾斜，结构开裂或主体结构强度严重不足的质量事故是重大质量事故。（√）

58. 砂浆存放时间过长，在使用前要重放水泥经搅拌后才能使用。（√）

59. 建筑施工所涉及的安全技术问题主要有土方塌陷、倒塌、高处坠落、物体打击和触电。（√）

120

60. 挑梁在墙根部承受最大负弯矩，上部受拉，下部受压。（√）

61. 有抗震要求的房屋，女儿墙如无锚固，高度不应大于1m。（×）

62. 提高砂浆强度是一项有效的抗振措施。（√）

63. 拆除栱顶的栱架，必须在锁砖全部打紧，凹沟砌筑完毕，骨架拉杆的螺母拧紧之后进行。（√）

64. 护板灰上铺的一层铝箔具有防水作用，箔与箔要用焊接方法连接，并用钉子钉在望板上。（×）

65. 墙在古建筑中起承重、分隔作用。（×）

66. 施工流水节拍值与班组投入人数成正比例。（×）

67. 更换土方边坡固壁支架时，要先拆下旧的，再换上新的。（×）

68. 在金属容器内或潮湿处所工作时，行灯电压不能超过12V。（√）

69. 沉降缝的做法有三种：双墙法、悬挑法、简支法。（√）

70. 施工图纸会审的目的是为使施工单位、建设单位有关施工人员进一步了解设计意图及设计要点。（√）

71. 砖墙与构造柱接合处做成大马牙槎，并要求先退后进，是为保证各层柱端有较大的断面。（√）

72. 施工中，施工人员要保质保量完成生产任务，至于安全问题是管理人员的事。（×）

73. 基本项目每项抽检的处或件均符合相应的质量检验评定标准的合格规定，其中有及其以上的处件符合优良的规定，该项可评为优良。（√）

74. 支承在砖砌体上的梁，跨度大于4.8m时，梁的端部应于墙上的梁垫锚固。（√）

75. 复杂施工图是指线条和尺寸比较多，所反映的建筑物造型不规则或要求进行特殊处理的施工图。（√）

76. 混凝土中型空心砌块的房屋在楼梯间四角砌体孔洞内要设置 1φ12 竖向钢筋并用 C10 细石混凝土灌实。(×)

77. 圈梁在门窗洞口处截断时要采取措施。(√)

78. 伸缩缝可以起到沉降缝的作用。(×)

79. TQC 活动对象是指产品质量。(×)

80. 砂浆强度等级的检定是用 7.07cm × 7.07cm × 7.07cm 的立方体试块在同条件下养护 28d 后，经过压力试验检验测定的。(×)

81. 砖在 15 次冻融循环后烘干，如果重量损失在 2% 以内，强度降低值不超过 25%，即可认为抗冻性合格。(√)

82. 构造柱的马牙槎，从柱脚或柱下端开始，砌体应先进后退。(×)

83. 墙体承载能力满足要求，但有明显的倾斜，这是由于墙体的高厚比过小。(×)

84. 挑梁的上部钢筋是构造钢筋，下部钢筋是受力钢筋。(×)

85. 在古建筑中装修是指抹灰、喷涂油漆等工作。(×)

86. 基础不均匀沉降是大的质量事故。(√)

87. 电气设备必须进行接零和接地保护。(√)

88. 冷却塔的平面布置图是复杂施工图。(√)

89. 水准测量中，从水准尺上读出的毫米数是估读出来的。(√)

90. 设计要求用混合砂浆，因现场没有石灰膏，可用同强度水泥砂浆代替。(×)

91. 筒拱屋盖的内墙，在拱脚处墙身顶部叠用丁砌砖层排出。(√)

92. 梁板在砌体的搁置长度过小，造成局部压应力增加，砌体的局部抗压能力则下降。(√)

93. 在古建筑中规定，柱高 10 尺则吻高 4 尺。(√)

94. HQ29 非承重空心砖的外形尺寸是 290mm × 290mm ×

290mm。（×）

95. 产品质量是检查出来的。（×）

96. 干摆砖砌法也叫磨砖对缝砌法。（√）

97. 节拍值与班组投入人数成反比。（×）

98. 硬山式屋顶，只有前后坡，两端头是山墙封顶。（√）

99. 螺旋形楼梯的施工图是复杂施工图。（√）

100. 空斗墙的纵横墙交接处，实砌宽度距离中心线每边应不小于240mm。（×）

101. 框架结构的填充墙，应与柱用钢筋拉结。（√）

102. 沉降缝可以起到伸缩缝的作用。（√）

103. I 级钢筋为低合金钢。（√）

104. 混凝土的强度等级有 7 个。（×）

105. 只承受自重的墙体是非承重墙。（√）

106. 圈梁遇到门窗洞口可拐弯，以保证圈梁闭合。（×）

107. 黏土空心砖保温性能比普通黏土砖好。（√）

108. 庑殿式屋顶是一种屋顶前后左右四面都有斜坡落水的建筑。（√）

109. 麻刀灰的配合比是体积比。（×）

110. 复杂施工图用节点详图就可以表示清楚。（×）

111. 软弱地基上的房屋高差不宜过大。（√）

112. 设置在房屋中间部位的圈梁抵抗不均匀沉降的作用最显著。（√）

113. 伸缩缝从基础到屋盖完全分开。（×）

114. 砌块的强度等级是由抗压强度来确定的。（×）

115. 多孔板用混凝土堵头，是因为搁置于墙上的板头局部抗压强度较低。（√）

116. 经纬仪是施工测量中用来抄平的仪器。（×）

117. IV 类耐火砖砌体的砖缝厚度不得大于 3mm。（√）

118. 分部、分项单位工程质量均分为"合格"与"优良"两个等级。（√）

119. 古建筑中所用砖的外形尺寸是 240mm × 115mm × 53mm。(×)

120. 基础砌砖大放脚有等高式和非等高式两种。(×)

121. 空心砖使用时应提前 1～2d 浇水湿润。(√)

122. 空心砖砌筑时，门窗洞口两侧 240mm 范围内应用实心砖砌筑。(√)

123. 空心砖砌筑高度达到 1.5m 时是砌筑最困难的部位。(×)

124. 空心砖盘砌大脚不宜超过五皮砖，也不得留槎。(×)

125. 砌筑大孔空心砖时，非承重墙底部三皮砖应砌筑实心砖。(√)

126. 空心砖砌体的个别部位可用实心砖混合砌筑。(×)

127. 用空心砖砌筑框架填充墙至最后一皮时，可用填实的空心砌块或用 90mm × 190mm × 190mm 砌块斜砌塞紧。(√)

128. 空心砖砌筑时严禁将脚手架横杆搁置在砖墙上。(√)

129. 圈梁遇到门窗洞口可拐弯，以保证圈梁闭合。(×)

130. 砖墙与构造柱接合处做成马牙槎，并要求先退后进，是为了保证各层柱端有较大的断面。(√)

131. 墙体砌筑时，七分头应跟顺砖走。(√)

132. 砌筑门窗洞口时，如果是先立口，砖砌体一定要紧靠门框，避免门框晃动。(×)

133. 墙身砌筑的原则是：角砖要平、绷线要紧，上灰要准、铺灰要活，上跟线、下跟棱，皮数杆立正立直。(√)

134. 砖墙勾缝的顺序是：从上而下，先勾竖缝，后勾横缝。(×)

135. 砖柱砌筑时，绝对不能采用先砌四周砖后填芯的砌法。(√)

136. 空斗墙的纵横墙交接处实砌宽度距离中心线每边应不小于 240mm。(×)

137. 空斗墙砌筑不够整砖时，可砍制成七分头或半砖。(×)

138. 空斗墙一般只适用于四层以下的民用建筑、单层仓库和食堂等。(×)

139. 为提高空斗墙的受力性能，可在墙的转角和交接处砌成实心砌体。(√)

140. 砌块砌筑前不需浇水。(×)

141. 混凝土砌块应提前 1 ~ 2d 浇水湿润，表面有少许积水也可。(×)

142. 空心砌块应对孔错缝搭砌，搭接长度不应小于 60mm。(×)

143. 用空心砌块砌筑框架填充墙时，砌块排列至柱边的模数差，当其宽度大于 30mm 时，竖缝应用细石混凝土填实。(√)

144. 空心砌块墙转角应设混凝土芯柱。(√)

145. 定位轴线用细点划线绘制，在建筑施工图上，横向轴线一般是以①、②…等表示的。(√)

146. 结构平面图反映建筑物的尺寸，轴线间尺寸，建筑物外形尺寸，门窗洞口及墙体的尺寸，墙厚及柱子的平面尺寸等。(×)

147. 看复杂施工图和看一般施工图相同，也应"由外向里看，由粗向细看，图样与说明结合看，关联图纸交错看，建施与结施对着看"。(√)

148. 施工图会审的目的是为了使施工单位、建设单位有关人员进一步了解设计意图和设计要点。(√)

149. 非承重墙不承受任何荷载。(×)

150. 在屋面上设置保温隔热层可有助于防止收缩或温度变化引起墙体破坏。(√)

151. 当基础土质为黏性土或弱黏性土，可以通过人工夯实提高其承载力。(×)

152. 普通住宅设计使用年限为 70 年。(√)

153. 水泥砂浆的和易性较差，施工人员可酌情加入一定的

塑化剂，以提高砌筑质量。(×)

154. 砖砌体砌筑前应进行抄平、找平，找平厚度在 4cm 以上时，需要用细石混凝土。(×)

155. 吸水率高的砖容易遭受冻害的侵蚀，一般用在基础和外墙等部位。(×)

156. 砌块一般不允许浇水，只有在气候特别干燥、炎热的情况下方可提前稍喷水湿润。(×)

157. 夏天最高气温超过 30℃ 时，拌合好的水泥混合砂浆应在 4h 内用完，水泥砂浆应在 3h 内用完。(×)

158. Mu10 表示砌筑砂浆的强度等级，其强度标准值为 10N/mm^2。(×)

159. 墙体砌筑时，主要是要保证水平灰缝的密实度和厚度，头缝是否密实对墙体的影响不大，因此可以不进行控制。(×)

160. 一砖半独立砖柱砌筑时，为了节约材料，少砍砖，一般采用"包心砌法"。(×)

161. 运到施工现场的熟化石灰膏，可以直接堆放在现场干净的地面上。(×)

162. 用钢筋混凝土建造的基础叫刚性基础。(×)

163. 墙体抹灰砂浆的配合比为 1:2，是指当水泥的用量为 50kg 时，需用砂的用量为 100kg。(×)

164. 砌体施工质量控制等级应分为 ABC 三级。(√)

165. 水泥进场使用前应分批对其强度进行复验。(√)

166. 填充墙砌至接近梁底时，应留有一定空隙，待填充墙砌完后，间隔至少 3d，再将其补砌挤紧。(×)

167. 当室外当日最低气温低于 − 3℃ 时，砌筑工程应按照"冬期施工"采取冬期施工措施。(√)

168. 空心砖在气温低于 0℃ 条件下砌筑时，可不浇水湿润。(√)

169. 墙体砌筑对技术要求不是很高，砌筑工人一般可以不持证上岗。(×)

170. 砂浆中加入塑化剂可以大大改善砂浆的塑性，施工现场可以根据需要适量加入塑化剂。（×）

171. 在多孔砖砌筑时，多孔砖的孔洞应垂直于受压面。（√）

172. 构造柱与墙体的连接处应砌成马牙槎，从每层柱脚开始，先退后进，每一马牙槎沿高度方向的尺寸不宜超过300mm。（√）

173. 墙砌体水平灰缝平直度检验方法：拉10m线和尺检查。（×）

174. 《砌体结构工程施工质量验收规范》GB 50203—2011，适用于砖砌体、混凝土小型空心砌块砌体、石砌体、填充墙砌体、配筋砌体工程的施工质量控制和验收。（√）

175. 砌体工程检验批的质量验收项目有：主控项目和允许偏差项目。（×）

176. 雨期施工时，每天的砌筑高度一般不超过3m。（×）

177. 直接经济损失在8万元以上的事故是重大质量事故。（×）

178. 编制施工方案实质就是选择施工方案。（√）

179. 固定铰支座只能承受垂直力，不能承受水平力。（×）

180. 挑梁在墙根部承受最大负弯矩，上部受拉，下部受压。（√）

181. 砌筑砖墙时，马牙槎应先进后退。（×）

182. 力学三要素是力的大小、方向和作用面。（×）

183. 全顺法仅适用于半砖墙。（√）

184. 当砂浆强度等级较高时，再提高砂浆强度等级，砌体抗压强度增长速度减慢。（√）

185. 基础必须具有足够的强度和稳定性，同时应能抵御土层中各种有害因素的作用。（√）

186. 欠火砖、酥砖、螺纹砖不得作为合格品。（√）

187. 水泥体积安定性不合格应按次品处理。（×）

188. 规范规定，墙体的接槎有两种：踏步槎和马牙槎。（√）

189. 墙身砌体高度超过 1.2m 时，应搭设脚手架。（√）

190. 提高砂浆强度是一项有效的抗震措施。（√）

191. 电气设备必须进行接零和接地保护。（√）

192. 施工中如果最高气温超过30℃，拌好的砂浆应在2h内用完。（×）

193. 砌筑用石按其外形规则程度分为毛石和料石。（√）

194. 在砌筑工程中，不同品种的水泥可混合使用。（×）

195. 砌筑砂浆用砂宜用中砂，砌筑砂浆用水宜采用不含有害杂质的饮用水。（√）

196. 砂浆应按计算和试配的配合比进行拌制。（√）

197. 如果砂浆的强度足够高，砌体的抗压强度会高于块材的抗压强度。（×）

198. 为防止地基土中水分沿砖块毛细管上升而对墙体的侵蚀，应设置防潮层。（√）

199. 砂浆试块取样位置，在砂浆搅拌机出料口随机取样制作砂浆试块（同盘砂浆只应制作一组试块）。（√）

200. 砌体中的砖处于压缩、弯曲、剪切、局部受压及横向受拉的复杂应力状态。（√）

201. 雨天施工应防止基槽灌水和雨水冲刷砂浆，砂浆的稠度应适当减小，每日砌筑高度不宜超过 1.2m。收工时，应覆盖砌体表面。（√）

202. 进度计划就是对建筑物各分部（分项）工程的开始及结束时间作出具体的日程安排。（√）

203. 刚度是指构件在荷载的作用下抵抗变形的能力。（√）

204. 当墙体高度大于 4m 时，应在中部设通长钢筋混凝土圈梁。（√）

205. 配筋砌体不得采用掺盐砂浆法施工。（√）

206. 对不影响结构安全的裂缝，应予以验收，对明显影响使用功能和观感的裂缝，应进行处理。（√）

207. 不能使用龄期不足 28d 和潮湿砌块砌筑。（√）

208. 砌块砌筑时，设有水平拉接钢筋的灰缝应加厚至 15mm。（√）

209. 存放暖气沟盖板的排砖应用丁砖砌筑。（√）

210. 空心砌块的水平灰缝的砂浆饱满度（按净面积计算）和竖向灰缝的砂浆饱满度均不应低于 80%。（×）

211. 进行屋面瓦施工前，应先检查脚手架高度是否超过檐口 1m 以上。（√）

212. 外墙转角处严禁直槎，其他临时间断处留槎的做法必须符合施工验收规范的规定。（√）

213. 混凝土小型空心砌块和轻骨料混凝土小型空心砌块墙体转角处和纵横交接处应同时砌筑。临时间断处应砌成斜槎，斜槎水平投影长度不应小于高度的 2/3。（√）

214. 填充墙砌体的灰缝厚度和宽度应正确，空心砖、轻骨料混凝土小型空心砌块的砌体灰缝应为 8～12mm，蒸压加气混凝土砌块砌体的水平灰缝厚度及竖向灰缝宽度分别为 15mm 和 20mm。（√）

215. 普通砖、多孔砖和空心砖在气温高于 0℃ 条件下砌筑时，应浇水湿润。在气温低于或等于 0℃ 条件下砌筑时，可不浇水，但必须增大砂浆稠度。抗震设防烈度为 9 度的建筑物，普通砖、多孔砖和空心砖无法浇水湿润时，如无特殊措施，不得砌筑。（√）

216. 拌合好的混合砂浆应在 4h 内用完，水泥砂浆应在 3h 内用完。（√）

217. 配筋砌块砌体剪力墙中，采用搭接接头的受力钢筋搭接长度不应小于 35d（d 为钢筋直径），且不应少于 300mm。（√）

218. 质量管理的目的在于以最低的成本在既定的工期内生产出用户满意的产品。（√）

219. 进度计划就是对建筑物各分部（分项）工程的开始及

结束时间作出具体的日程安排。（√）

220. 古建筑歇山琉璃屋脊做法是固定的，不能增高也不能降低。（×）

221. 常见施工用仪器的使用和维护是施工员的事，高级工不必要掌握。（×）

222. 铺瓦时，根据瓦的具体尺寸，两边凑着把底瓦和盖瓦放中，按线走，就不会出现沟垄不直的现象。（√）

223. 有抗震要求的房屋，不能有女儿墙。（×）

224. 以木构架组成的古建筑中墙体起承重、分隔作用。（×）

225. 古建筑中琉璃瓦不包含筒瓦。（×）

226. 双坡硬悬山屋面不属于古建筑的屋面，歇山庑殿才是古建屋面。（×）

227. 古建筑施工是没有图样的，一般就按传统做法进行就可以了。（×）

228. 古建筑中的梁和屋架一般压在山墙或前后檐墙上。（×）

229. 砖雕刻主要是靠雕刻人员的技术，对砖材料挑选无所谓。（×）

230. 墁地时要钻生，适合居民的院落和园林走道。（×）

231. 古建筑铺瓦有大式和小式之分，瓦材大就是大式，瓦材小就是小式。（×）

232. 一般来说凡是与止脊相交的脊都可统称为垂脊。（√）

3.3 选择题

1. 能提高房屋的空间刚度，增加建筑物的整体性，防止不均匀沉降、温差裂缝，也可提高砖砌体抗剪、抗拉强度，提高房屋抗震能力的是（B）。

A. 构造柱　　B. 圈梁　　C. 支撑系统　　D. 梁垫

2. 厚度 240 的料石墙大梁跨度为 4.8m，在大梁的支撑处应加设（D）。

130

A. 圈梁　　B. 支撑系统　　C. 构造柱　　D. 壁柱

3. 预制钢筋混凝土板的支承长度（C）。

A. 在墙上不小于50mm，在钢筋混凝土梁上不少于20mm

B. 在墙上不小于80mm，在钢筋混凝土梁上不少于50mm

C. 在墙上不少于100mm，在钢筋混凝土梁上不少于80mm

D. 在墙上不少于120mm，在钢筋混凝土梁上不少于100mm

4. 当设防烈度大于6度时，构造配筋情况（D）。

A. 纵向钢筋采用$4\phi12$，箍筋间距不大于250mm

B. 纵向钢筋采用$4\phi12$，箍筋间距不大于200mm

C. 纵向钢筋采用$4\phi14$，箍筋间距不大于250mm

D. 纵向钢筋采用$4\phi14$，箍筋间距不大于200mm

5. 用混凝土空心砌块砌筑的房屋外墙转角和楼梯间四角的砌体孔洞内，要设置竖向钢筋，并应贯通墙高，并锚固于基础和楼屋盖圈梁内，销固长度不得小于（D）钢筋直径。

A. 5倍　　B. 10倍　　　C. 20倍　　D. 30倍

6. 长方槽形琉璃瓦铺贴，瓦缝水平线不平、垄不直，主要原因是（C）。

A. 砂浆稠度过大　　　B. 准线拉得不直

C. 琉璃材质差　　　　D. 出檐不一致

7. 裙肩砌筑高度为檐柱高的1/3或檐柱直径的4/6倍，墙厚为檐柱直径的（D）倍。

A. 0.5　　B. 1.2　　C. 1.5　　D. 2.4

8. 砌筑（D）以上深基础时，应设有爬梯和坡道，不得攀跳槽、沟、坑上下。

A. 0.5m　　　B. 1m　　　C. 1.5m　　D. 2m

9. 连续（B）d内平均气温低于5℃时，砖石工程就要按照冬期施工执行。

A. 5　　　B. 10　　　C. 15　　　D. 30

10. 钢筋砖过梁的砌筑高度应该是跨度的（B），并不少于7皮砖。

131

A. 1/3　　B. 1/4　　C. 1/5　　D. 1/6

11. 清水墙面游丁走缝的原因是（A）。

A. 砖的尺寸不标准　　B. 砖太湿，出现游墙

C. 砂浆稠度过大　　　D. 半砖用的过多

12. 瓦屋面滴水勾头的出檐要符合伸出要求，整个出檐瓦要拉通线检查，凸凹进出全长不得超过一滴水或勾头壁厚的（A）。

A. 1/3　　B. 1　　C. 4/6　　D. 6/9

13. 房屋的砌体在大梁下产生裂缝的原因是（A）。

A. 砌体局部抗压能力不足　　B. 荷载过大

C. 温度升高墙体开裂　　　　D. 不均匀沉降

14. 礓墩拦土的水平标高偏差应在（B）以内。

A. ±5mm　　B. ±10mm　　C. ±15mm　　D. ±30mm

15. 筒栱横板安装，任何点的竖向偏差不应超过该点栱高的（D）。

A. 1/5　　B. 1/20　　C. 1/100　　D. 1/200

16. 当预测10d内的平均气温低于+5℃，或当日最低气温低于（C）时，砌筑施工属冬期施工阶段。

A. 10℃　　B. -5℃　　C. -3℃　　D. 0℃

17. 椽条的间距视青瓦的尺寸大小而定，一般为青瓦小头宽度的（D）。

A. 1/2　　B. 2/3　　C. 3/4　　D. 4/5

18. 台明出檐柱的宽度，小式瓦作为上部出檐的（C）。

A. 1/2　　B. 3/4　　C. 4/5　　D. 4/6

19. 工业锅炉耐火砌体的砖缝厚度检查方法是在炉每部分砌体5m² 的表面上，用楔形塞尺检查10处，比规定砖缝厚度大50%以内的砖缝Ⅱ类砌体不应超过（B）。

A. 1处　　B. 4处　　C. 5处　　D. 8处

20. 墁地面的垫层应有向门口（B）的泛水。

A. 4‰　　B. 7‰　　C. 2‰　　D. 5‰

21. 在金属容器内潮湿处所工作时，行灯电压不能超过（B）。

A. 6V   B. 12V   C. 36V   D. 110V

22. 用后视读数减去前视读数，如果相减的值为正数，则说明前视点比后视点（B）。

A. 低   B. 高   C. 一样高   D. 相差不多

23. 看懂复杂施工图的方法是（D）。

A. 由外向里看，由粗到细看

B. 图样与说明结合着看

C. 相关联图纸交叉看，建施与结施对着看

D. 由外向里看，由粗到细看，图样与说明结合看，相关联图纸交叉看，建施与结施对着看

24. 空斗墙上的屋架，大梁等构件的垫块底面以下（D）的砌体所用砂浆不应低于 M2.5。

A. 高度为 120mm，长度不小于 740mm

B. 高度为 240mm，长度不小于 1200mm

C. 高度为 360mm，长度不小于 1000mm

D. 高度为 360mm，长度不小于 740mm

25. 在使用水泥时，主要是考虑强度，同时也应考虑（D）。

A. 安定   B. 凡凝结时间

C. 细度   D. 安定性、凝结时间、细度

26. 黏土承重空心砖有较高的抗腐蚀性及耐久性，保温性能（A）普通黏土砖。

A. 优于   B. 等于   C. 近似等于   D. 低于

27. 用混凝土空心砌块砌筑的房屋外墙转角处和楼梯间四角的砌体孔洞内，应设置不少于 $\phi12$ 的竖向钢筋并用（C）细石灌实。

A. C10   B. C15   C. C20   D. C30

28. 用石膏砌块砌墙，一般先在楼地面上浇筑（C）高的座墙，再在座墙上砌砌块墙。

A. 50mm   B. 120mm   C. 150mm   D. 240mm

29. 古建筑檐墙的宽度为檐柱直径的（C）倍。

A. 0. 5　　B. 1　　C. 1. 5　　D. 1. 75

30. 砖在经过 15 次冻融循环后，强度降低值不超过（D）为合格。

A. 2%　　B. 10%　　C. 15%　　D. 25%

31. 用特制的楔形砖砌清水弧形碹时，砖的大头朝上，小头朝下，此时灰缝要求是（A）。

A. 上部 15～20mm，下部 5～8mm

B. 上部 8～12mm，下部 5～8mm

C. 上部 15～20mm，下部 7～13mm

D. 上下灰缝厚度一致

32. 空斗墙的壁柱和洞口的两侧（B）范围内要砌成实心墙。

A. 18cm　　B. 24cm　　C. 36cm　　D. 48cm

33. 混水墙出现通缝的主要原因是（A）造成的。

A. 不恰当地避免打七分头　　B. 排砖不是好活

C. 砖尺寸不标准　　　　　　D. 组砌方法不正确

34. 拦土的砌筑高度同磉墩一样高，宽度为檐柱直径（C）。

A. 0. 5 倍　　B. 1 倍　　C. 2 倍　　D. 2. 5 倍

35. 基槽宽度小于 1m 时，应在砌筑站人一侧留有不小于（D）的操作面。

A. 200mm　　B. 250mm　　C. 300mm　　D. 400mm

36. 在台风季节，对墙体的砌筑高度要求每天不超过（A）。

A. 1. 2m　　B. 1. 8m　　C. 2m　　D. 4m

37. QC 小组活动要选好课题，选题（D），要为解决某项工程质量问题而设定。

A. 要用数据说话　　B. 要用图表反映问题

B. 要用统计方法　　D. 要有针对性

38. 在空气中受到火烧或高温作用时，容易起火或微燃且火源脱离后仍继续燃烧或微燃的材料是（C）。

A. 不燃体　　B. 易燃体　　C. 燃烧体　　D. 难燃烧体

39. 加气混凝土砌块的吸水率较高，一般可达（D）。

A. 8% ~ 10%   B. 10% ~ 20%

C. 30% ~ 40%   D. 60% ~ 70%

40. 预留构造柱截面的误差不得超过（B）。

A. ±5mm   B. ±10mm   C. ±15mm   D. ±20mm

41. 毛石墙勾缝砂浆粘结不牢，原因是（A）。

A. 石块表面不洁净   B. 勾缝形式不合理

C. 抠缝不深   D. 配合比不正确

42. 砌块的搭砌长度不满足要求时，应在水平缝设置不小于（A）的钢筋拉结条，两端应越过该垂直缝300mm。

A. 2ϕ4   B. 2ϕ6   C. 3ϕ4   D. 3ϕ6

43. 砖墁地面的油灰缝的宽度不得超过（A）。

A. 1.5mm   B. 2mm   C. 3.5mm   D. 7mm

44. 工业炉拱顶砌筑时，上口灰缝偏大，下口灰缝偏小，原因是（A）。

A. 拱顶锁砖未在拱顶中心

B. 耐火泥的粒径大于灰缝厚度的50%

C. 砂浆搅拌不均

D. 受膨胀缝的影响

45. 用排列图分析问题，通常把累计百分数分为三类，（A）为A类因素，是主要因素。

A. 0 ~ 80%   B. 80% ~ 90%   C. 90% ~ 100%   D. 100%

46. 空斗墙的纵横墙交接处，其实砌宽度距离中心线每边不小于（B）。

A. 240mm   B. 370mm   C. 490mm   D. 120mm

47. 厚度为120的砖墙，大梁跨度为6m，在大梁的支承处应加设（D）。

A. 圈梁   B. 支撑系统   C. 构造柱   D. 壁柱

48. 混凝土小型空心砌块房屋的纵横墙交接处，距墙中心线每边不小于300m 范围内的孔洞，用不低于砌块材料强度等级的混凝土灌实，灌实高度为（D）。

    A. 120mm   B. 120cm   C. 一层层高   D. 全部墙身高

49. 伸缩缝把房屋（C）。

    A. 从基础到屋盖完全分开

    B. 从基础顶面到屋盖完全分开

    C. 从防潮层以上分开

    D. 从 ±0.00 以上分开

50. 用机械搅拌砂浆应在投料后搅拌（C）。

    A. 0.5～1min   B. 1～1.5min   C. 1.5～2min   D. 2～3min

51. 磉墩拦土的轴线偏差是（C）。

    A. ±5mm   B. ±10mm   C. ±20mm   D. ±50mm

52. 非承重黏土空心砖用做框架的填充墙时，砌体砌好（C）以后，与框架梁底的空隙，用普通黏土砖斜砌敲实。

    A. 当天   B. 1d   C. 5d   D. 7d

53. 空斗砖墙水平灰缝不饱满，主要原因是（A）。

    A. 砂浆和易性差   B. 准线拉线不准

    C. 皮数杆没立直   D. 没按"二三八一"操做法的操作

54. 双曲拱适用于地基比较均匀，且地基土为中低压缩性土和无振动设备的车间、仓库等，跨度不宜超过（D）。

    A. 2m   B. 4m   C. 18m   D. 24m

55. 支承在空斗墙上跨度大于 6m 的屋架，和跨度大于规定数值的梁，其支承面下的砌体应设置（D）。

    A. 钢筋网片   B. 拉结筋

    C. 实心砌体   D. 混凝土或钢筋混凝土梁垫

56. 挑梁截面上端钢筋是（A）。

    A. 受力钢筋   B. 构造钢筋   C. 弯起筋   D. 箍筋

57. 磨砖对缝砌法砌的墙体，用 2m 托线板检查垂直平整度，偏差不应大于（A）。

    A. 1mm   B. 3mm   C. 5mm   D. 8mm

58. 砌筑高度超过（A），应搭设脚手架作业。

A. 1. 2m　　B. 1. 3m　　C. 1. 5m　　D. 1. 8m

59. 檐口瓦挑出檐口不应小于（B），应挑选外形整齐、质量较好的小青瓦。

A. 20mm　　B. 50mm　　C. 70mm　　D. 100mm

60. 工业炉炉墙立缝的饱满度要求比普通墙要求高是因为（B）。

A. 强度要求高　　　B. 防止发生蹿水

C. 美观　　　　　　D. 抗剪力

61. 在旧建筑物边挖土时，要根据挖土深度考虑（D）采取安全措施。

A. 新旧建筑物高差　　　　B. 新旧建筑物结构形式

C. 新旧建筑物的距离　　　D. 新旧建筑物基础的高差

62. 台明出檐柱的宽度，大式瓦作为上部屋顶出檐尺寸的（C）。

A. 1/2　　B. 2/3　　C. 3/4　　D. 4/5

63. 钢筋混凝土过梁的支承长度不宜小于（C）。

A. 80mm　　B. 120mm　　C. 240mm　　D. 360mm

64. 分布在房屋的墙面两端的内外纵墙和横墙的八字裂缝，产生的原因是（C）。

A. 均匀沉降　　　　B. 不均匀沉降

C. 屋面板受热伸长　　D. 荷载过重

65. 厚度为 24mm 的砌块墙，当大梁跨度大于或等于（C）时，其支承处宜加设壁柱或采取其他加强措施。

A. 4. 2　　B. 3. 9m　　C. 4. 8m　　D. 6m

66. 强度等级高于 M5 的砂浆，砂的含泥量不应大于（B）。

A. 3%　　B. 5%　　C. 10%　　D. 15%

67. 石材的抗压强度是用（C）的试件经试验检验后得出的。

A. 7. 07mm × 7. 07mm × 7. 07mm

B. 150mm × 150mm × 150mm

C. 200mm×200mm×200mm

D. 250mm×250mm×250mm

68. 雨期施工时，每天的砌筑高度应加以控制，一般要求不超过（C）。

A. 1.2m　　B. 1.5m　　C. 2m　　D. 4m

69. 空斗墙室内地面以下及地面以上高度为（B）的砌体，宜采用斗砖式眠砖实砌。

A. 120mm　　B. 180mm　　C. 240mm　　D. 360mm

70. 小型空心砌块上下皮搭砌长度不得小于（B）。

A. 60mm　　B. 90mm　　C. 150mm　　D. 180mm

71. 房屋可能发生微凹形沉降，（A）的圈梁作用较大。

A. 基础顶面　　B. 中间部位　　C. 檐口部位　　D. 隔层设置

72. 从防潮层到屋盖完全分开的是（A）。

A. 沉降缝　　B. 伸缩缝　　C. 施工缝　　D. 变形缝

73. （A）是复杂施工图。

A. 螺旋形楼梯的施工图　　B. 基础剖面图

C. 总平面图　　　　　　　D. 办公楼的立面图

74. 多孔板用混凝土堵头是因为（A）。

A. 板头局部抗压强度较低　　B. 美观

C. 防止异物进入　　　　　　D. 保证空气层

75. 构造柱可不单独设置基础，但应伸入室外地面下（B）。

A. 300mm　　B. 500mm　　C. 1500mm　　D. 到基础底

76. 梁垫的作用是（A）。

A. 加大受压面积　　B. 找平

C. 调整梁底标高　　D. 提高砌体强度

77. 女儿墙根部和平屋面交接处产生水平裂缝，原因是（C）。

A. 均匀沉降　　　　B. 不均匀沉降

C. 屋面板受热变形　　D. 局部受压过大

78. 台明露出地坪的高度，小式瓦作为檐柱高度（D）。

A. 1/2 B. 1/3 C. 1/4 D. 1/5

79. TQC 活动的基本要求是（B）。

A. 用事实和数据说话　　B. 三全一多样

C. 全员参加　　　　　　D. 全过程控制

80. 砌体工程量计算时，小于（C）的窗孔洞不予扣除。

A. 0.5m^2 B. 0.4m C. 0.3m^2 D. 0.2m^2

81. C30 以上混凝土中针状石子和片状石子含量不得大于（C）。

A. 2% B. 5% C. 15% D. 25%

82. 预应力多孔板的搁置于内墙的长度不宜小于（B）。

A. 50mm B. 80mm C. 100mm D. 120mm

83. 砖的浇水适当而气候干热时，砂浆稠度应采用（A）cm。

A. 5~7 B. 4~5 C. 6~7 D. 8~10

84. 台基标高不一致，上平面的柱墩、基墙不在同一个水平面上，主要原因是（B）。

A. 基坑深浅不一致　　B. 对垫层复核不准

C. 砂浆和易性不好　　D. 砌块材料尺寸不一致

85. 构造柱箍筋在每层的上下端（B）范围内要适当加密。

A. 300mm B. 500mm C. 1000mm D. 1500

86. 清代建筑中，二城祥砖现代尺寸是（B）。

A. 47×24×12　　　　B. 45.4×22.1×10.1

C. 45.4×22.4×10.4　　D. 24.0×11.5×5.3

87. 墙体改革的根本途径是（A）。

A. 实现建筑工业化　　B. 改革黏土砖烧结方法

C. 使用轻质承重材料　　D. 利用工业废料

88. 规范规定每一楼层或（D）m^3 砌体中的各种标号的砂浆，每台搅拌机应至少检查一次，每次至少应制作一组试块。

A. 50 B. 100 C. 150 D. 250

89. 承重的独立砖柱，截面尺寸不应小于（C）。

A. 120mm×240mm   B. 240mm×240mm

C. 240mm×370mm   D. 370mm×490mm

90. 毛石墙的厚度不宜小于（B）。

A. 240mm   B. 350mm   C. 400mm   D. 450mm

91. 建筑物荷载指建筑物所承受的（A）。

A. 风力和自重   B. 设备和自重

C. 人、设备的重量   D. 风力、人和设备重量及自重

92. 砌块砌体要分皮叉缝搭接，中型砌块上下皮搭砌长度不得小于砌块高度1/3，且不应小于（C）。

A. 60mm   B. 120mm   C. 150mm   D. 180mm

93. 节点详图上只标明了尺寸，没标单位，其单位应是（A）。

A. mm   B. cm   C. m   D. km

94. 软弱地基（C）的房屋，体形较复杂时，宜设沉降缝。

A. 一层   B. 二层

C. 三层及三层以上   D. 六层以上

95. 当垫层采用人工夯实时，每层虚铺厚度不应大于（C）。

A. 10cm   B. 15cm   C. 20cm   D. 25cm

96. 石材的强度等级有（C）级。

A. 5   B. 4   C. 9   D. 15

97. 台明露出地坪的高度，大式瓦作为地面至耍头下皮的高度的（C）。

A. 1/2   B. 1/3   C. 1/4   D. 1/5

98. 房屋使用时湿度大于60%的工程，如浴室等各期施工时不得采用（B）。

A. 冻结法   B. 掺盐砂浆法

C. 暖棚法   D. 二三八一砌筑法

99. 厚度为240mm的砖墙，当梁跨度大于（B）时，其支承处应加设壁柱，或采取其他加强措施。

A. 4.8m   B. 6m   C. 4.2m   D. 8m

100. 竹脚手架一般都搭成双排，限高（C）m。

A. 30　　B. 40　　C. 50　　D. 60

101. 琉璃瓦屋面出檐不一致，原因是（A）。

A. 铺檐口瓦时没拉通线

B. 琉璃瓦尺寸不标准

C. 铺底瓦时施工顺序不对

D. 设计屋面坡度不合理

102. 细墁地砖要加工（C）个面。

A. 2　　B. 3　　C. 5　　D. 4

103. 砖砌体组砌要求必须错缝搭接，最少应错缝（B）。

A. 1/2 砖长　　B. 1/4 砖长　　C. 1 砖长　　D. 1 砖半长

104. 砌筑工砌墙时依靠（C）来掌握墙体的平直度。

A. 线坠　　B. 托线板　　C. 准线　　D. 瓦格网

105. 房屋建筑物的等级是根据（B）划分的。

A. 结构构造形式　　B. 结构设计使用年限

C. 使用性质　　　　D. 承重材料

106. 砖墙与构造柱之间沿高度方向每（A）设置 2φ6 水平拉结筋。

A. 50cm　　B. 100cm　　C. 150cm　　D. 200cm

107. 门窗洞口先立门框，砌砖时要离开框边（A）左右，不能顶死，防止门框受挤变形。

A. 3mm　　B. 5mm　　C. 6mm　　D. 10mm

108. 距槽帮上口（C）以内，严禁堆积沙子、砌体等材料。

A. 4m　　B. 2m　　C. 1m　　D. 0. 5m

109. 单曲砖拱砌筑时，与房屋的前后檐相接外，拱不应砌入前后檐墙内，而应留出（B）mm 伸缩缝的孔隙。

A. 10 ~ 20　　B. 20 ~ 30　　C. 30 ~40　　D. 40 ~ 50

110. 抗震设防地区，芯柱与墙体连接处，应设置钢筋网片拉结，钢筋网片（B）。

A. 每边伸入墙内不小于 600mm，且沿墙高每隔 600mm

设置

B. 每边伸入墙内不小于 1000mm，且沿墙高每隔 600mm
设置

C. 每边伸入墙内不小于 500mm，且沿墙高每隔 500mm 设置

D. 每边伸入墙内不小于 500mm，且沿墙高每隔 600mm
设置

111. 厚度 240mm 的料石墙大梁跨度为 4.8m，在大梁的支
撑处应加设（D）。

A. 圈梁　　B. 支撑系统　　C. 构造柱　　D. 壁柱

112. 厚度为 120mm 的砖墙，大梁跨度为 6m，在大梁的支
承处应加设（D）。

A. 圈梁　　B. 支撑系统　　C. 构造柱　　D. 壁柱

113. 毛石墙砌筑要领中的垫，指在灰缝过厚处用石片垫在
（A），确保毛石稳固。

A. 里口　　B. 外口　　C. 中间　　D. 任一位置

114. 每砌一层毛石，都要给上一层毛石留出槎口，且不得
小于（B）cm。

A. 5　　B. 10　　C. 15　　D. 20

115. 烟囱砌筑时，将普通砖加工成楔型砖，加工后砖小头
宽应大于原砖宽的（C）以上。

A. 1/2　　B. 1/3　　C. 2/3　　D. 3/4

116. 化粪池周围回填时，其虚铺厚度宜为（B）mm。

A. 200～300　　B. 300～400　　C. 250　　D. 500

117. 窨井砌筑时，从井壁底往上每（C）皮砖应放置一个
铁爬梯脚蹬。

A. 3　　B. 4　　C. 5　　D. 6

118. 地下管道回填土应比原地面高出（A）mm，利于回填
土下沉固结。

A. 50～100　　B. 100～200　　C. 200～300　　D. 150～250

119. 砖薄壳砌筑时，壳体的四边应伸入边缘构件内，宽度

应不小于（D）mm，以保证传递剪力。

A. 30　　B. 40　　　C. 50　　D. 60

120. 构造柱箍筋在每层的上下端（B）范围内要适当加密。

A. 300mm　　B. 500mm　　　C. 1000mm　　D. 1500mm

121. 砖砌体每层垂直度允许偏差不超过（D）mm，用2m靠尺检查。

A. 2　　B. 3　　C. 4　　D. 5

122. 房屋平面图是用一假想平面在窗台上方做水平剖切，向下做（A）投影得到的。

A. 正面　　B. 点　　C. 平行　　D. 斜向

123. 毛石基础台阶的高宽比不小于（A）。

A. 1:1　　B. 1:2　　C. 1:3　　D. 1:4

124. 抹灰工程中底层主要起的作用是（B）。

A. 找平　　B. 粘结　　　C. 装饰　　D. 以上都不是

125. 常用水泥的密度为（A）g/cm^3。

A. 2.8~3.15　B. 2.0~2.5　C. 3.2~3.5　D. 3.6~4.0

126. 饰面工程中外墙面砖的平整度允许偏差为（B）mm。

A. 1　　B. 2　　C. 2.5　　D. 5

127. 中级抹灰的表面平整允许偏差为（A）mm。

A. 4　　B. 3　　C. 2　　D. 1

128. 砌砖前应先盘脚，第一次盘脚不超过（A）皮。

A. 5　　B. 7　　C. 8　　D. 9

129. 按规范规定纵向受压钢筋的搭接长度不应小于（B）mm。

A. 250　　B. 200　　C. 300　　D. 600

130. 水泥的水化速度在（B）内速度快，强度增长也快。

A. 开始的1~3d　　B. 开始的3~7d

C. 最后25~28d　　D. 中间10~14d

131. 选用水泥的强度一般为砂浆强度的（B）倍。

A. 2~3　　B. 4~5　　C. 5~6　　D. 6~7

132. 一般砌砖砂浆的沉入度为和砌石砂浆沉入度宜分别为（B）。

A. 5～7cm 和 7～10cm　　B. 7～10cm 和 5～7cm

C. 3～5cm 和 10～12cm　　D. 10～12cm 和 3～5cm

133. 砂浆应采用机械搅拌，其有效搅拌时间不少于（A）min。

A. 1.5　　B. 3　　C. 5　　D. 4.5

134. 强度等级高于 M5 的砂浆，砂的含泥量不应大于（B）。

A. 3%　　B. 5%　　C. 10%　　D. 15%

135. 砌筑砂浆的最大粒径通常应控制在砂浆厚度的（C）。

A. 1/2　　B. 1/3　　C. 1/4　　D. 2/3

136. 在同一垂直面遇有上下交叉作业时，必须设安全隔离层，下方操作人员必须（B）。

A. 系安全带　B. 戴安全帽　C. 穿防护服　D. 穿绝缘鞋

137. 地面砖用结合层材料，砂浆结合层厚度为（A）mm。

A. 10～15　　B. 20～30　　C. 10～20　　D. 15～30

138. 按照荷载的（B），荷载可分为集中荷载和均布荷载。

A. 性质　　B. 作用形式的不同

C. 来源　　D. 发生时间

139. 板块地面面层的一面清洁，图案清晰，色泽一致，接缝均匀，周边顺直，板块无裂痕，掉角和缺楞等现象，质量应评为（C）。

A. 不合格　　B. 合格　　C. 优良　　D. 高优

140. 连续（B）d 内室外平均气温低于 5℃时，砖石等工程就要按冬期工程执行。

A. 5　　B. 10　　C. 15　　D. 20

141. 清水墙出现游丁走缝的主要原因是（A）。

A. 砖的尺寸不标准　　B. 砖太湿、出现游墙

C. 砂浆稠度过大　　D. 半砖用的过多

142. 砂浆的等级分为（D）个等级。

A. 4　　B. 5　　C. 6　　D. 7

143. 从防潮层到屋面完全分开的是（B）。

A. 沉降缝　　B. 伸缩缝　　C. 施工缝　　D. 变形缝

144. 钢筋砖过梁的砌筑高度应是跨度的（B），并不少于7皮。

A. 1/3　　B. 1/4　　C. 1/5　　D. 1/6

145. 墙体改革得根本途径是（A）。

A. 实现建筑工业化　　　　B. 改革黏土砖的烧结方法
C. 使用轻质承重材料　　　D. 使用工业废料

146. 质量三检制度是指（D）。

A. 质量检查、数量检查、规格检查

B. 自检、互检、专项检

C. 班组检查、项目检查、公司检查

D. 自检、互检、交接检

147. 砖拱砌筑时，拱座下砂浆强度应达到（D）以上。

A. 25%　　B. 50%　　C. 75%　　D. 100%

148. 中国古代建筑在结构上主要以（B）为主。

A. 砖石结构　　B. 木结构　　C. 台基和台明　　D. 琉璃瓦

149. 水泥砂浆地面施工中砂子的含泥量为（B）。

A. 2%　　B. 3%　　C. 2.5%　　D. 6%

150. 通常情况下要求水泥地面面层的强度等级不应小于（C）。

A. M7.5　　B. M10　　C. M15　　D. M20

151. 检查水泥地面质量中是否有空鼓现象时，检查面积为每处不大于（A）平方厘米。

A. 400　　B. 300　　C. 500　　D. 800

152. 通常情况下楼面面层下部填充层主要作用是（A）。

A. 隔声　　B. 防潮　　C. 增加强度　　D. 防水

153. 地面找平层的表面平整度允许偏差为（C）mm。

A. 1　　B. 1.5　　C. 2　　D. 4

154. 地面找平层中水泥混凝土的强度等级不应低于（B）。

A. C10　　B. C15　　C. C20　　D. C25

155. 水泥地面面层压光应在水泥（B）进行。

A. 初凝前　B. 终凝前　C. 水泥达到标准强度　D. 硬化

156. 水磨石地面施工时面层的养护时间通常不少于（A）。

A. 7d　　B. 6d　　C. 5d　　D. 4d

157. 现浇水磨石面层达到（B）MPa 抗压强度时，方允许上人。

A. 4　　B. 5　　C. 6　　D. 7

158. 水泥混凝土地面的强度等级通常不应小于（C）。

A. C15　　B. C25　　C. C20　　D. C30

159. 对砌筑脚手架上的荷载要求是（B）。

A. ≤80kg/m² 时，高低于三码砖

B. ≤270kg/m² 时，高低于三码砖

C. ≤80kg/m² 时，高低于二码砖

D. ≤270kg/m² 时，高低于二码砖

160. 目前流水施工安排在现场一般都用（D）表示，明白易懂。

A. 网络图　B. 透视图　C. 施工现场平面图　D. 横道图

161. 脚手架与楼层拉结的要求是（C）。

A. 水平距离不超过 4m，垂直不超过 6m

B. 水平距离不超过 4m，垂直不超过 4m

C. 水平距离不超过 6m，垂直不超过 4m

D. 水平距离不超过 6m，垂直不超过 6m

162. 古建筑中下碱（下肩）的高度一般为（D）。

A. 高度整个檐墙的高　　C. 整个墙体高的 1/5

B. 整个墙体高的 1/2　　D. 整个墙体高的 1/3

163. 工业炉拱顶砌筑时，上口灰缝偏大，下口灰缝偏小，原因是（A）。

A. 拱顶锁砖未在拱顶中心

B. 耐火泥的粒径大于灰缝厚度的 50%

C. 砂浆搅拌不均

D. 受膨胀缝的影响

3.4 简答题

1. 弧形墙砌筑时应掌握哪些要点？

答：（1）根据施工图注明的角度与弧度放出局部实样，按实墙作出弧形套板；（2）根据弧形墙身墨线摆砖，压弧段内试砌并检查错缝；（3）立缝最小不小于 7mm，最大不大于 12mm；（4）在弧度较大处采用丁砌法，在弧度较小处采用丁顺交错砌法；（5）在弧度急转的地方，加工异形砖、弧形砌块；（6）每砌 3~5 皮砖用弧形样板沿弧形墙全面检查一次；（7）固定几个固定点用托线板检查垂直度。

2. 砌筑作业前应做好哪些安全检查？

答：作业前必须检查工具、设备、现场环境等，确认安全后方可作业。要认真查看在施工程洞口、临边安全防护和脚手架护身栏、挡脚板、立网是否齐全、牢固；脚手板是否按要求间距放正、绑牢，有无探头板和空隙。

3. 砌筑高度超过 1.2m 的墙体时应采取哪些安全措施？

答：砌筑高度超过 1.2m 时，应搭设脚手架作业；高度超过 4m 时，采用内脚手架必须支搭安全网，用外脚手架应设防护栏杆和挡脚板方可砌筑，高处作业无防护时必须系好安全带。

4. 砌筑作业脚手架上堆料、站人有何规定？

答：脚手架上堆料量（均布荷载每平方米不得超过 200kg，集中荷载不超过 150kg），码砖高度不得超过 3 皮侧砖。同一块脚手板上不得超过两人，严禁用不稳固的工具或物体在架子上垫高操作。

5. 砌筑作业面下方和斩砖有何规定？

答：砌筑作业面下方不得有人，交叉作业必须设置可靠、安全的防护隔离层，在架子上斩砖必须面向里，把砖头斩在架子上。挂线的坠物必须牢固。

6. 砌筑作业运料有何安全要求？

答：采用垂直运输，严禁超载；采用砖笼往楼板上放砖时，要均匀分布；砖笼严禁直接吊放在脚手架上。吊砂浆的料斗不能装得过满，应低于料斗上沿 10cm。人工用手推车运砖，两车前后距离平地上不得小于 2m，坡道上不得小于 10m。装砖时应先取高处，后取低处，分层按顺序拿取。

7. 砌筑作业应注意哪些安全事项？

答：砌筑用高凳上铺脚手板，宽度不得少于两块脚手板（50cm），间距不得大于 2m，移动高凳时上面不能站人，作业人员不得超过两人。高度超过 2m 时，由架子工搭设脚手架，严禁脚手架搭在门窗、暖气片等非承重的物器上。严禁踩在外脚手架的防护栏杆和阳台板上进行操作。

8. 砌筑用脚手架应注意哪些安全事项？

答：脚手架未经交接验收不得使用，验收后不得随意拆改和移动，如作业要求必须拆改和移动时，须经工程技术人员同意，采取加固措施后方可拆除和移动。脚手架严禁搭探头板。

9. 在地坑、地沟砌筑时应注意哪些安全问题？

答：在地坑、地沟砌筑时，严防塌方并注意地下管线、电缆；不准徒手移动上墙的料石，以免压破或擦伤手指。

10. 空心砖墙的组砌方法。

答：（1）每层墙的底部应砌三皮实心砖，外墙勒脚部分也应砌实心砖；（2）当砖墙较高、较长时应在加砌实心砖带或铺设拉结；（3）空心砖不宜砍凿，不够整砖时可用切割机割砖，或用实心砖补砌；（4）墙中洞口、预埋件和管道处，应用实心砖砌；（5）门窗过梁支承处应用实心砖砌；（6）门窗洞口两侧一砖长范围内应用实心砖砌筑。

11. 简述天沟的做法。

答：平瓦屋面的天沟和斜脊处均要切瓦，一般要先试铺，然后按天沟走向弹出墨线，用切割机把瓦片切割好，再按编号顺序铺盖，斜脊处也按此办法切割。天沟的底部用厚度为 0.45 ～ 0.75mm 的镀锌钢板铺盖，铺盖前应涂刷两道防锈漆，再涂刷两度罩面漆，薄钢板深入瓦下不少于 150mm，瓦铺好以后用麻刀混合砂浆抹缝，斜脊处的瓦铺好以后，再按做脊的办法盖上脊瓦。

12. 毛石墙砌筑的五个要领是什么？

答："搭"：砌毛石墙都是双面挂线、内外搭脚手架同时操作，要求里外两面的操作者配合默契。所谓搭，就是外面砌一块长石，里面砌一块短石，使石墙里外上下都能错缝搭接。"压"：砌好的石块要稳，要承受得住上面的压力；上面石块要摆稳，而且要以自重来增加下面石块的稳定性。砌好的石块要求"上面垫小二口清、上口平"。"拉"：为了增加墙体的稳定性和整体性，每层毛石每隔 1m 要砌一个拉结石。拉结石的长度应为墙厚的 2/3，当墙厚小于 40cm 时，可使用长度与墙厚相同拉结石，但必须做到灰缝严密，防止雨水顺石缝深入室内。"槎"：每砌一层毛石，都要给上一层毛石留出槎口，槎口的对接要平，使上下层石块咬槎严密，以增强砌体的整体性。"垫"：毛石砌体要做到砂浆饱满，灰缝均匀。

13. 简述管道铺设、窨井、化粪池施工操作的工艺顺序？

答：管道铺设、窨井、化粪池施工操作的工艺顺序为：准备工作→挖沟→坑→浇筑垫层→铺设管道→砌筑窨井→砌筑化粪池→验收→回填土等。

14. 简述屋面产生渗漏的主要原因？

答：屋面产生渗漏的原因：一是瓦片挑选不严，混进了有沙眼和裂缝的瓦片；二是铺瓦时挤得不紧密；三是瓦铺好后，在瓦面上行走踩坏了瓦片。

15. 石膏砌块有什么特点？

答：石膏砌块具有质轻、防火、隔热、隔声和调节室内湿度的良好性能。砌块的强度一般大于 5MPa，可锯、钉、铣和钻，易于加工，表面平坦光滑，不用墙体抹灰，施工简单。

16. 什么叫二三八一操作法？

答：二三八一操作法就是把瓦工砌砖的动作过程归纳为：二种步法，三种弯腰姿势，八种铺灰手法，一种挤浆动作，叫做"二三八一"砌砖动作规范，简称二三八一操作法。

17. 什么是砖雕？质量要求是什么？

答：砖雕是在砖面上进行艺术雕刻。分为浮雕、浅雕、深雕三种。质量要求有六点：

（1）选砖必须符合要求，质地要均匀清脆；（2）翻样图必须经检查无误，复印准确；（3）修补不得过多，使人能明显看出修补过的砖雕必须重雕；（4）过浆要均匀，磨光要周到；（5）拼装无痕迹，手感良好；（6）观感自然逼真，线条清晰、层次分明，外表光滑、清洁。

18. 古建筑房屋由哪些部分组成？

答：古建筑房屋主要由台基、木构件、屋盖、装修、彩色几部分组成。

19. TQC 与传统管理方式相比有哪些特点？

答：TQC 与传统管理方式相比有三个特点：（1）传统的质量管理以事后检验把关为主。TQC 要求以预防和改进为主；（2）传统的质量管理是管结果，TQC 重在管理因素；（3）传统的工程质量管理是分部、分项筛选再划工程质量等级的控制，TQC 是施工或其他各项生产工作的全部过程都处于受控状态。

20. 影响砌体高厚比的因素有哪些？

答：（1）砂浆强度；（2）横墙间距；（3）墙及柱的高度；（4）砌体截面形式；（5）构件重要性和房屋的使用情况；（6）屋盖和楼盖的整体性。

21. 简述圈梁的作用？

答：圈梁的作用主要有以下两个方面：（1）提高房屋的空间刚度，增加建筑物的整体性，防止因不均匀沉降、温差而造成砖墙裂缝；（2）提高砌体的抗剪、抗拉强度，提高房屋的抗震能力。

22. 简述砖瓦工应掌握的审图要点。

答：（1）审图过程为：基础→墙身→屋面→构造→细部；（2）先看图纸说明是否齐全，轴线、标高各部尺寸是否清楚及吻合；（3）节点大样是否齐全、清楚；（4）门窗洞口位置大小、标高有无出入，是否清楚；（5）预留的槽、洞及预埋件位置、尺寸是否清楚正确；（6）使用材料的规格品种是否满足；（7）有无特殊施工技术要求和新工艺，技术上有无困难，能否保证安全生产；（8）与其他岗位，特别是水电安装之间是否有矛盾。

23. 简述中国古代建筑的特点。

答：中国古代建筑物特点大致有以下几个方面：（1）结构上以木构架为主体；（2）在建筑的平面布置和组群格局上有一定的规律性；（3）艺术形象突出；（4）随着建筑行业的发展形成了一套成熟的建筑经验。

24. 煤矸石空心砌块的特点是什么？

答：煤矸石空心砌块具有表观密度较轻，强度较高，后期强度增长快，抗冻性能好的特点，并且施工方便。

25. 构造柱有什么作用？

答：构造柱可以加强房屋抗垂直地震力和提高抗水平地震力的能力，加强纵横墙的连接，也可以加强墙体的抗剪、抗弯能力和延性。由于构造柱与圈梁连接成封闭环形，可以有效地防止墙体拉裂，并可以约束墙面裂缝的开展。还可以有效地约束因温差而造成的水平裂缝的发生。

26. 砖细是指什么？

答：所谓砖细就是将砖（主要是方砖）经过刨、锯、磨的精工细作后，用它来作为墙面、门口、勒脚等处的装饰，如同现代的大理石、磨光花岗石装饰面一样。

27. 什么是四不放过？

答：质量事故处理要做到四不放过，就是：（1）事故原因没查清不放过；（2）事故责任者和群众没有受到教育不放过；

（3）没有采取切实可行的防治措施不放过；（4）事故责任者未受到处理不放过。

28. 流水段划分的原则是什么？

答：流水段划分原则有两个：一是要考虑一个流水段的工作面大小是否符合最小工作面的要求，以及质量保证和安全操作要求，二是利用房屋结构的自然段来划分。

29. 图纸会审的目的是什么？

答：图纸会审的目的是为使施工单位、建设单位有关施工人员进一步了解设计意图及设计要点。通过会审可以澄清疑点，消除设计缺陷，统一思想，使设计达到经济合理、便于施工的目的。

30. 房屋建筑中构造柱起什么作用？

答：构造柱可以加强房屋抗垂直地震力的能力，特别是承受向上地震力时，由于构造柱与圈梁连接成封闭环形，可以有效地防止墙体拉裂，并可以约束墙面裂缝的开展。通过构造柱的设置，可以加强纵横墙的连接，也可以加强墙体的抗剪、抗弯能力和延性，从而提高抗水平地震力的能力。此外，构造柱还可以有效地防止因温差而造成的水平裂缝的发生。

31. 加气混凝土砌块的常用规格有哪些？

答：压加气混凝土砌块是以水泥、矿渣、砂、石灰等为原料，加入发气剂，经搅拌、成型、高压蒸汽养护而成。

加气混凝土砌块一般规格的公称尺寸有两个系列：

（1）长度：600mm；高度：200mm、250mm、300mm；宽度：75 mm 、100 mm、125mm、150mm、175 mm 、200mm、225mm⋯（以25mm 递增）。

（2）长度：600mm；高度：240 mm 、300mm；宽度：60mm、120mm、180mm、240mm⋯（以60mm 递增）。

加气混凝土砌块按抗压强度分有 Mu1.0、Mu2.5、Mu3.5、Mu5.0、Mu7.5、Mu10 六个等级；按相对密度分有 0.3、0.4、0.5、0.6、0.7、0.8 六个等级。

32. 污水的窨井砌筑有什么不同?

答:下水道分为雨水和污水两类排水系统。以民用建筑为例:雨水系统主要排出日常生活废水、屋面、场地、道路雨水等。该系统窨井砌筑时,窨井深度必须比水管深 25～30cm,用于泥浆、砂子等杂物的沉淀,以免堵塞管子。

污水系统主要排出便类污水,该系统窨井砌筑时。窨井底应与出水管平,并做流槽。流槽形式如同管子的下半径,转角管道流槽做成弯管型下半径流槽,使水流集中,增加冲力。

33. 简述工程质量事故处理的程序。

答:工程质量事故处理的程序如下:(1)进行事故调查,了解事故情况,并确定是否需要采取防护措施;(2)分析调查结果,找出事故的主要原因;(3)确定是否需要处理,若需处理,施工单位确定处理方案;(4)事故处理;(5)检查事故处理是否达到要求;(6)事故处理结论;(7)提交处理方案。

34. 简述工程质量事故处理的基本要求。

答:工程质量事故处理的基本要求如下:(1)处理应达到安全可靠,不留隐患,满足生产、使用要求,施工方便,经济合理的目的;(2)重视消除事故原因;(3)注意综合治理;(4)正确确定处理范围;(5)正确选择处理时间和方法;(6)加强事故处理的检查验收工作;(7)认真复查事故的实际情况;(8)确保事故处理期的安全。

35. 砌体工程验收前,应提供哪些文件和记录?

答:砌体工程验收前,应提供下列文件和记录:(1)施工执行的技术标准;(2)原材料的合格证书、产品性能检测报告;(3)混凝土及砂浆配合比通知单;(4)混凝土及砂浆试件抗压强度试验报告单;(5)施工记录;(6)各检验批的主控项目、一般项目验收记录;(7)施工质量控制资料;(8)重大技术问题的处理或修改设计的技术文件;(9)其他必须提供的资料。

36. 对有裂缝的砌体应如何验收?

答:对有裂缝的砌体应按下列情况进行验收:(1)对有可

能影响结构安全性的砌体裂缝，应由有资质的检测单位检测鉴定，需返修或加固处理的，待返修或加固满足使用要求后进行二次验收；（2）对不影响结构安全性的砌体裂缝，应予以验收，对明显影响使用功能和观感质量的裂缝，应进行处理。

37. 如何进行砌筑砂浆试块强度的检验？

答：抽检数量：每一检验批且不超过250m² 砌体的各种类型及强度等级的砌筑砂浆，每台搅拌机应至少抽检一次。检验方法：在砂浆搅拌机出料口随机取样制作砂浆试块（同盘砂浆只应制作一组试块），最后检查试块强度试验报告单。

砌筑砂浆试块强度合格标准必须满足以下规定：同一验收批砂浆试块抗压强度平均值必须大于或等于设计强度等级所对应的立方体抗压强度；同一验收批砂浆试块抗压强度的最小一组平均值必须大于或等于设计强度等级所对应的立方体抗压强度的0.75倍。

38. 简述清水墙常见的几种勾缝形式的特点？

答：清水墙常见的勾缝形式有平缝、凹缝、斜缝、凸缝。

平缝：操作简便，勾成的墙面平整，不易剥落和积圬，防雨水的渗透作用较好，但墙面较为单调。

凹缝：凹缝是将灰缝凹进墙面 5～8mm 的一种形式。勾凹缝的墙面有立体感，但容易导致雨水渗漏，而且耗工量大，一般宜用于气候干燥地区。

斜缝：斜缝是把灰缝的上口压进墙面 3～4mm，下口与墙面平，使其成为斜面向上的缝。斜缝泄水方便，适用于外墙面和烟囱。

凸缝：凸缝是在灰缝面做成一个矩形或半圆形的凸线，凸出墙面约 5mm 左右。凸缝墙面线条明显、清晰，外观美丽，但操作比较费事。

39. 砌筑圆烟囱要掌握的几个环节是什么？如何控制中心轴线？

答：（1）定位与中心轴线的控制；（2）烟囱所用水泥标号

的控制；（3）烟囱垂直度的控制。

烟囱在砌筑过程中，每砌高半米，要校核中心轴线一次，其方法如下：将引尺架放在烟囱上口，大线坠挂在架下的吊钩上，前后左右移动引尺，然后根据筒身的高度与相应的直径，回转引尺一周观察收分的刻度与实际筒身周围是否符合，符合说明筒身的中心在基础中心的垂直线上。

40. 建筑立面图的基本内容是什么？

答：表现建筑物外形上可以看到的全部内容，如散水坡、台阶、雨水管、遮阳措施、花池、勒脚、门头、门窗、雨罩、阳台、檐口。屋顶上面可以看到的烟囱、水箱间、通风道。还可以看到外楼梯等可看到的其他内容和位置。表明外形高度方向的三道尺寸，即：总高度、分层高度、门窗上下皮、勒脚、檐口等具体高度。因立面图重点是反映高度方向的变化，虽然标注了三道尺寸，若想知道某一位置的具体高程，还得推算，为方便起见，从室外地坪到屋顶最高部位，都注标高，他们的单位是米。表明外墙各部位建筑装修材料做法，其具体材料和做法可在标准图集中找到。

41. 设置拉结筋的要求是什么？

答：拉结筋数量规定为每120mm砖厚放一根6mm的钢筋，并不得少于2根，沿墙高每500mm加一道。埋入长度从墙的留槎处算起，每边均不小于500mm，末端应有90°弯钩。

42. 砖缝砂浆不饱满产生的原因有哪些？如何防治？

答：（1）砌砖时，从已铺摊的砂浆层中刮起砂浆勾竖缝，使砂浆层产生凹陷；（2）摊铺砂浆过长，砌筑速度跟不上，砂浆中的水分被砖吸收或蒸发；（3）砌清水墙时，省去刮缝，采取大缩口的铺浆方法；（4）用于砖砌墙，使砂浆早期脱水。

防治方法：砂浆的配合比应经过计算及试配调整；改进砌砖方法，应推广"三一"或"二三八"砌砖法，严禁干砖砌筑。

43. 砖基础砌筑的一般砌筑的一般步骤是什么？

答：可依皮数杆先在转角处砌几层（俗称盘角），再以两端转角为标准拉线，然后按照准线逐皮砌筑中间部分。砌筑时，内外墙应尽可能同时砌筑，若不能是，应留斜槎，斜槎的水平长度应不小于墙高的2/3。

3.5 计算题

1. 矩形钢筋混凝土简支梁，截面尺寸为 200mm × 400mm，净跨度为 8m，上面承受均布荷载为 1200kN/m²，计算最大弯矩及支座反力。

【解】（1）均布线荷载为：$q = FB = 1200 \times 0.2 = 240kN/m$

（2）计算跨度为：$L = 1.05L_0 = 1.05 \times 8 = 8.4m$

（3）最大弯矩为：$M_{max} = 1/8qL^2 = 1/8 \times 240 \times 8.4^2$
$$= 2116.8kN \cdot m$$

（4）支座反力为：$N = V_{max} = 1/2qL = 1/2 \times 240 \times 8.4 = 1008kN$

答：最大弯矩为 2116.8kN · m；支座反力为 1008kN。

2. 有一砖围墙高 1.5m，厚240cm，长 120m，每隔5m 有一个 370mm × 120mm 的附墙砖垛。试计算砌筑该段围墙需用多少瓦工工日？多少力工工日？多少砖、水泥、砂子、石灰膏？已知每立方米砌体用瓦工 0.552 工日，力工 0.52 工日，砂浆 0.26m³，砖 532 块，每立方米砂浆用水泥 180kg，砂 1460kg，石灰膏 150kg。

【解】（1）计算工程量：

墙身总量为：$120 \times 1.5 \times 0.24 = 43.2m^3$

附墙垛总量为：$1.5 \times 0.37 \times 0.12 (120 \div 5 + 1) 1.665m^3$，则总砌砖量为：$43.2 + 1.665 = 44.865m^3$

（2）计算瓦工工日数：$0.522 \times 44.865 = 24.77$ 工日

（3）计算力工工日数：$0.52 \times 44.865 = 23.33$ 工日

（4）需用砖：$532 \times 44.865 = 23869$ 块

计算砂浆：$0.26 \times 44.865 = 11.665m^3$

用水泥：$11.665 \times 180 = 2100kg$

用砂子：$11.665 \times 1460 = 17031\text{kg}$

用石灰膏：$11.665 \times 150 = 1750\text{kg}$

答：略。

3. 截面尺寸为 200mm × 400mm 矩形钢筋混凝土简支梁，净跨度为 6m，上面承受均布荷载为 500kN/m²，支承在 370mm 厚的砖墙上，按满压墙计算，计算砖墙的局部受压应力。

【解】（1）均布线荷载为：$q = FB = 500 \times 0.3 = 150\text{kN/m}$

（2）计算跨度为：$L = 1.05L_0 = 1.05 \times 6 = 6.3\text{m}$

（3）支座反力为：$N = V_{max} = 1/2qL = 1/2 \times 150 \times 6.3$
$$= 472.5\text{kN}$$

（4）受压面积为：$0.3 \times 0.37 = 0.111\text{m}^2$

（5）砖墙局部受压应力为：$472500 \div 0.111 = 4.257\text{MPa}$

答：砖墙局部受压应力为 4.257MPa。

4. 某栋房屋的首层层高 2.5m，墙厚 370mm，长 12.5m，宽 7.5m。有两个 1.5m × 1.4m 的窗洞，一个 1m × 2m 的门窗。试计算需用多少瓦工工日？多少力工工日？多少块砖、水泥、砂子、石灰膏？已知每立方米砌体用瓦工 0.62 工日，力工 0.55 工日，砂浆 0.26m³，砖 532 块，每立方米砂浆用水泥 200kg，砂 1500kg，石灰膏 150kg。

【解】（1）计算工程量：

$[(12.5 \times 2 + 7.5 \times 2) \times 2.5 - 1.5 \times 1.4 \times 2 - 1 \times 2] \times 0.37$
$$= 34.71\text{m}^3$$

（2）计算瓦工工日数：$0.6 \times 34.71 = 20.83$ 工日

（3）计算力工工日数：$0.55 \times 34.71 = 9.09$ 工日

（4）需用砖：$532 \times 34.71 = 18466$ 块

计算砂浆：$0.26 \times 34.71 = 9.03\text{m}^3$

用水泥：$9.03 \times 200 = 1806\text{kg}$

用砂子：$9.03 \times 1500 = 13545\text{kg}$

用石灰膏：$9.03 \times 150 = 1354.5\text{kg}$

答：略。

5. 某一段烟囱外径为 4m，壁厚为 24cm，问应加工多少异形砖和用标准砖应切除多少厘米？

【解】（1）烟囱外圆周长：$400 \times 3.14 = 1256cm$

（2）烟囱内圆周长：$(400 - 48) \times 3.14 = 1105.3cm$

（3）砖缝按 10mm 计算，则在外圆周长可排丁砖数：

$$1256 \div (11.5 + 1) \approx 100 \text{ 块}$$

（4）砖缝按 10mm 计算，则在内圆周可以排丁砖数：

$$1105.3 \div (11.5 + 1) \approx 88 \text{ 块}$$

（5）内外圆砖数相差：$100 - 88 = 12$ 块

（6）12 块砖的总宽度：$12 \times 11.5 = 138cm$

（7）要使外圈 100 块每块砖都切去一块没有必要，考虑加工 34 块，则每块砖应切去多少厘米？

$$138 \div 34 = 4cm$$

答：应加工 34 块异形砖。每块砖应切除 4cm，即异形砖一头宽 115cm，一头宽 75cm，长 240cm。

6. 一简支梁 AB，跨度为 6m，在跨中有一 400kN 的集中荷载。求此梁产生的支座反力，并画出剪力图。

【解】根据题意画出示意图

（1）求支座反力：

$$R_A = \frac{400 \times 3}{6} = 200kN, \quad R_B = \frac{400 \times 3}{6} = 200kN$$

（2）作剪力图：

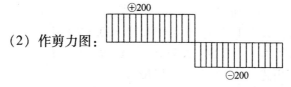

从 A 点到集中荷载作用处这一段内剪力为一常数 $R_A = 200kN$

从集中荷载作用处到 B 点这一段内剪力同样是一个常数 $R_B = -200kN$

7. 简支梁 A、B，跨度为 5m，两端铰接，距支座 A2m 处有一集中荷载 $P = 500kN$。求 AB 梁产生的支座反力，并画出剪力图。

【解】根据题意画出示意图

（1）求支座反力：

$$R_A = \frac{500 \times 3}{5} = 300 \text{kN}, \quad R_B = \frac{500 \times 2}{5} = 200 \text{kN}$$

（2）作剪力图：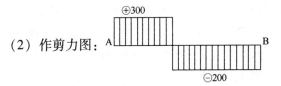

从 A 到集中荷载作用这一段内为常数，$L = R_A = 300 \text{kN}$，从集中荷载到 B 点这一段内力 $Q_X = R_A - P = 300 - 500 = -200$。

8. 用 M7.5 混合砂浆砌一段 24 墙，长 20m，高 2.5m，有两个 1.4m×1.5m 的窗。计算应用多少块砖？多少水泥？多少砂子？多少石灰膏（已知每立方米砖墙用砂浆 0.26m³）。M7.5 的砂浆的配合比为 270∶80∶1600。

【解】（1）计算墙体体积

$$V = (20 \times 2.5 - 1.4 \times 1.5 \times 2) \times 0.24 \approx 11 \text{m}^3$$

（2）根据每立方米有 512 块砖得：$N = 512 \times 11 = 5632$ 块

（3）共需用砂浆：$0.26 \times 11 = 2.86 \text{m}^3$

（4）需用水泥：$270 \times 2.86 = 772.2 \text{kg}$

（5）需用石灰膏：$80 \times 2.86 = 228.8 \text{kg}$

（6）需用砂：$1600 \times 2.86 = 4576 \text{kg}$

答：应用砖 5632 块，水泥 772.2kg，石灰膏 228.8kg，砂 4576kg。

9. 砌一段基础墙，490 厚。用 M5 水泥砂浆砌 Mu10 红机砖，基础墙长 15m，高 4m。问用多少块红机砖？水泥多少公斤？多少立方米砂子？

已知每立方米砌体用砂浆 0.26m³，每立方米 M5 水泥砂浆用水泥 194kg，砂子 1.02m³。

【解】（1）根据已知条件，得基础墙体积如下：

$$V = 0.49 \times 15 \times 4 = 29.4m^3$$

（2）根据每立方米有 512 块砖得：

$$N = 512 \times 29.4 = 15052.8 \approx 15053 \text{ 块砖}$$

（3）共需用砂浆：$0.26 \times 29.4 = 7.644m^3$

（4）共需用水泥：$194 \times 7.644 = 1482.936 \approx 1483kg$

（5）共需用砂子：$1.02 \times 7.644 = 7.79688 \approx 7.80m^3$

答：需用红机砖 15053 块，水泥 1483kg，砂子 7.80m³。

10. 一砖柱截面尺寸为 490mm×490mm，高度为 3m，试计算其高厚比，已知 $u_3 = 1.85$。

【解】（1）砖柱计算高度为：$H_0 = u_3 H = 1.85 \times 3 = 5.55m$

（2）高厚比为：$\beta = H_0/h = 5.55/0.49 = 11.327$

答：这一砖柱的高厚比是 11.327。

3.6 实际操作题

1. 砖雕阳体字

考核项目及评分标准　　　　　　　　　表 1-1

序号	考核项目	允许偏差	评分标准	满分	检测点					得分
					1	2	3	4	5	
1	选砖		选砖不符合要求酌情扣 5~8 分	10						
2	翻图样		翻样图不正确酌情扣 2~8 分	10						
3	修补		使人能明显看出修补的无分；不能明显看出修补的酌情扣 1~5 分	20						
4	过浆		过浆不均匀，磨光不周到酌情扣分	10						

序号	考核项目	允许偏差	评分标准	满分	检测点					得分
					1	2	3	4	5	
5	拼装		拼装有痕迹不太明显者，酌情扣分；拼装有明显痕迹者无分；手感不好者酌情扣分	15						
6	观感		观感要自然逼真，线条清晰，层次分明，外表光滑清洁，不符合要求者酌情扣2~12分	15						
7	工具使用与维护		施工前后检查两次，酌情扣分	5						
8	安全、文明施工		有事故无分，工完场不清无分	5						
9	工效		低于定额90%者无分；90%~100%者酌情扣分；超过定额者适当加1~3分	10						

2. 用磨砖对缝法砌清水方柱

考核项目及评分标准　　　　　　　　表2-1

序号	考核项目	允许偏差	评分标准	满分	检测点					得分
					1	2	3	4	5	
1	砖块加工	宽 ±2mm 长 ±2mm 厚 ±1mm	超过规定数值无分	10						
2	排砖		排砖不符合要求，有破活无分	15						
3	墙面清洁		墙面不整齐、不清洁美观无分	15						

序号	考核项目	允许偏差	评分标准	满分	检测点 1	2	3	4	5	得分
4	平整方正度	±1mm	墙面垂直超过1mm每处扣1分；3处以上及1处超过±1.5mm无分	20						
5	操作方法		不符合操作工艺标准无分	15						
6	安全施工		有事故无分	8						
7	文明施工		工完场不清无分	7						
8	工效		完成定额90%以下者无分，90%~100%酌情扣分；超过定额者适当加1~3分	10						

3. 砌直径3m，370mm厚烟囱囱身及勾缝（不砌内衬）

考核项目及评分标准　　　　　　表3-1

序号	考核项目	允许偏差	评分标准	满分	检测点 1	2	3	4	5	得分
1	砖		性能指标达不到要求无分（包括加工的砖）	5						
2	水平灰缝饱满度	95%	低于95%每处扣1分；超过3处无分	15						
3	组砌方法		不符合要求，排砖错误无分	10						
4	拉结筋	3皮砖	超过3皮砖每处扣1分；3处以上及1处超过5皮砖无分	5						

序号	考核项目	允许偏差	评分标准	满分	检测点					得分
					1	2	3	4	5	
5	灰缝		立缝里口不小于5mm，外口不大于15mm，水平灰缝每处超标扣1分；厚8~10mm，3处以上无分	15						
6	任何截面的半径	30mm	按2%收势坡度，超过30mm者每处扣1分；3处以上及1处超过60mm无分	10						
7	筒壁内外表面局部凹凸不平	30mm	超过30mm者每处扣1分；3处以上及1处超过60mm者无分	10						
8	中心线垂直度	35mm	超过35mm者酌情扣分	5						
9	勾缝		勾缝深度适宜，勾缝形式、墙面清洁，不符合要求酌情扣分	5						
10	安全、文明施工		有事故无分，工完场不清无分	10						
11	工效		低于定额90%无分；90%~100%之间酌情扣分；超过定额者适当加1~3分	10						

4. 发清水弧形碹

考核项目及评分标准 表4-1

序号	考核项目	允许偏差	评分标准	满分	检测点					得分
					1	2	3	4	5	
1	砖		性能指标达不到要求无分	5						

序号	考核项目	允许偏差	评分标准	满分	检测点					得分
					1	2	3	4	5	
2	排砖起栱		排砖不符合要求无分；起栱不在1%~2%之间者无分	15						
3	平整度	5mm	超过5mm每处扣1分；3处以上及1处超过8mm无分	10						
4	灰缝		灰缝上部15~20mm，下部为5~8mm；不符合要求者酌情扣2~8分	15						
5	清水墙面		刮缝深度1~1.2cm，墙面清洁、美观，不符合要求者酌情扣2~8分	10						
6	弧度		不一致者无分	5						
7	操作方法		按工艺标准操作，不符合要求者无分	15						
8	安全、文明施工		有事故无分；工完场不清无分	10						
9	工效		低于定额90%无分；90%~100%者酌情扣分；超过定额者加1~3分	15						

5. 指导初级工发清水弧形碹

考核项目及评分标准　　　　表5-1

序号	考核项目	允许偏差	评分标准	满分	检测点					得分
					1	2	3	4	5	
1	操作规范		（1）砖块数为单数；（2）计算砖块数，灰缝厚度；（3）掌握披灰厚度；每差一项扣5分	15						

序号	考核项目	允许偏差	评分标准	满分	检测点					得分
					1	2	3	4	5	
2	砖		选砖不符合要求无分；造砖不符合要求无分	10						
3	排砖起栱		排砖不符合要求无分；立缝与栱模不垂直无分	10						
4	平整度	5mm	超过5mm每处扣1分；3处以上及1处超过8mm无分	10						
5	灰缝		灰缝上部15~20mm，下部为5~8mm；不符合要求者酌情扣2~8分	10						
6	清水墙面		刮缝深度1~1.2mm，墙面清洁、美观，不符合要求者酌情扣2~8分	10						
7	弧度		不一致者无分	5						
8	操作方法		按工艺标准操作，不符合要求者无分	10						
9	安全、文明施工		有事故无分；工完场不清无分	10						
10	工效		低于定额90%无分；90%~100%者酌情扣分；超过定额者加1~3分	10						

6. 砌筑清水围墙

庭院清水围墙高2.5m，长2.0m，厚240mm，每各2m砌一120mm×370mm砖柱；双面清水墙体，上部为仿古戴帽压顶。

操作要点：（1）墙体采用梅花丁砌法，上下皮之间错缝1/4

砖长，丁砖必须在条的中间，各层丁砖的中线重合。（2）控制水平灰缝厚度为 10mm，最大不超过 12mm，最小不小于 8mm；垂直灰缝薄厚均匀一致；砌体砂浆必须饱满。水平饱满度不少于 80%。（3）控制墙面平整度，允许偏差 5mm；控制墙面游丁，允许偏差 20mm。

考核项目及评分标准 表6-1

序号	考核项目	允许偏差	评分标准	满分	检测点					得分
					1	2	3	4	5	
1	操作工艺		按照工艺流程操作，符合工艺标准满分，不符合工艺标准要求酌情扣分	10						
2	墙、柱表面垂直度	5mm	允许偏差 5mm，超过 5mm，每处扣 1 分；3 处以上及超过 10mm 不得分	15						
3	墙、柱表面平整度	5mm	允许偏差 5mm，超过 5mm，每处扣 1 分；3 处以上及超过 10mm 不得分	15						
4	墙面游丁走缝	20mm	允许偏差 20mm，超过 20mm，每处扣 1 分；3 处以上及一处超过 35mm 不得分	10						
5	仿古戴帽		平直美观满分，其余酌情扣分	10						
6	水平灰缝厚度	±8mm	10 皮砖累计 ±8mm。超过者每处扣 1 分，3 处以上及一处超过 15mm 者不得分	10						

166

序号	考核项目	允许偏差	评分标准	满分	检测点					得分
					1	2	3	4	5	
7	水平灰缝饱满度	80%	80%以上。小于80%者每处扣0.5分；5处以上者不得分	10						
8	安全、文明施工		有事故无分；工完场不清无分	10						
9	工效		按时完成满分；超过40min无分；提前完成酌情加分；超时在40min之内酌情扣分	10						

7. 发圆形砖券

清水墙内砌筑一圆形券，圆券半径由教师给定，时间要求240min。

操作要点：（1）选用强度高、尺寸偏差小的砖，砌筑前充分浸水湿润。（2）砖墙砌至圆券底部标高时，在墙体位置上标出圆券垂直中心线，在中线处砌一皮侧砖，两侧各砌一皮侧砖，支上胎模。胎模与墙身平齐，其中心线与标注的圆券中心线重合。（3）先砌筑圆券的下半部，并与墙休砌筑同步进行，使墙体砖将圆券砖顶住，确保墙砌体质量和外观整齐。（4）发券的砖数必须是单数，砖面紧贴胎模，每块砖的中心线必须指向圆券的中心；灰缝呈里小外大的楔形，立缝与胎模表面保持垂直。（5）下半部券砌完后，将胎模上翻支好（胎模一般做成半圆形券架），上半部券可一次完成，然后砌两边墙身。应与两侧向中心砌筑，灰缝应饱满，把砖挤紧。最后一块砖两面打灰往下挤寒（锁砖）。

序号	考核项目	允许偏差	评分标准	满分	检测点					得分
					1	2	3	4	5	
1	选砖		选砖不符合要求无分	5						
2	排砖起栱		砖块数为单数，排砖符合要求满分，不符合要求无分	10						
3	平整度	5mm	允许偏差5mm，超过5mm，每处扣1分；3处以上或1处超过8mm无分	10						
4	灰缝		灰缝应饱满，外口灰缝15~20mm，内口灰缝5~8mm，不符合要求酌情扣3~12分	15						
5	弧度		弧度应一致，不一致者无分	15						
6	清水墙面		刮缝深度1.0~1.2mm，墙面清洁美观，不符合要求者酌情扣2~8分	10						
7	操作方法		符合工艺标准满分；不符合工艺要求无分	15						
8	安全生产、文明施工		发生工伤事故无分；活完场不清无分	10						
9	工效		按时完成满分，超过规定时间30min无分；提前完成酌情加分，超时在30min之内，酌情扣分	10						

168

8. 砌清水平券

考核项目及评分标准 表8-1

序号	考核项目	允许偏差	评分标准	满分	检测点					得分
					1	2	3	4	5	
1	选砖		性能指标及外观达不到要求的扣5分	5						
2	券		不符合要求的扣10分	10						
3	排砖起栱		排砖不符合要求者或起栱不在1%~2%之间者扣15分	15						
4	平整度	5mm	允许偏差5mm，超过5mm，每处扣1分；3处以上或1处超过8mm无分	10						
5	灰缝		灰缝应饱满，外口灰缝15~20mm，内口灰缝5~8mm，不符合要求酌情扣3~10分	10						
6	清水墙面		刮缝深度1.0~1.2mm，墙面清洁美观，不符合要求者酌情扣2~8分	10						
7	操作方法		符合工艺标准满分；不符合工艺要求无分	15						
8	安全生产、文明施工		发生工伤事故无分；活完场不清无分	10						
9	工具使用及维护		施工前后检查两次，酌情扣分	5						
10	工效		按时完成满分，超过规定时间30min无分；提前完成酌情加分，超时在30min之内，酌情扣分	10						

169

9. 淌白法室内墁砖地面

序号	考核项目	允许偏差	评分标准	满分	检测点					得分
					1	2	3	4	5	
1	选地板砖		选砖不符合要求无分	5						
2	排砖		趟数不是单数者，中间与房屋不对中着或破活排置在明显处者扣10分	15						
3	碰压密实		有空鼓、砖块活动不牢者扣10分	10						
4	表面平整度	2mm	超过2mm，每处扣1分；3处以上或1处超过5mm无分	15						
5	缝格平直	3mm	超过3mm，每处扣1分；3处以上或1处超过5mm无分	10						
6	接缝高低差	0.5mm	超过0.5mm，每处扣1分；3处以上或1处超过1.5mm无分	10						
7	板块间的缝隙差	2mm	超过2mm，每处扣1分；3处以上或1处超过5mm无分	10						
8	工具使用及维护		施工前后检查两次，酌情扣分	5						
9	安全生产、文明施工		发生工伤事故无分；活完场不清无分	10						
10	工效		按时完成满分，超过规定时间30min无分；提前完成酌情加分；超时在30min之内，酌情扣分	10						

10. 指导初、中级工砌筑花饰墙

庭院清水围墙高 1.8m，长 28m，厚 240mm，每隔 4m 砌一240mm×370mm 砖柱；墙身 1.2m 以下为清水墙体，上部为小青瓦花饰，砖压顶、黏土青瓦铺盖。花饰图案由教师给定。从排砖摞底开始计时至活完场清止，360min 内完成全部操作。

操作要点：（1）墙体采用梅花丁砌法，上下皮之间错缝 1/4 砖长，丁砖必须在条砖的中间，各层丁砖的中线重合。（2）控制水平灰缝厚度为 10mm，最大不超过 12mm，最小不小于 8mm；垂直灰缝薄厚均匀一致，砌体砂浆必须饱满。水平灰缝的饱满度不少于 80% 免。（3）控制墙面平整度，允许偏差 5mm；控制墙面游丁走缝，允许偏差 20mm。（4）小青瓦花饰组砌时利用互相挤紧形成整体，局部可用砂浆组砌。图案均匀，对称一致。

考核项目及评分标准　　　　　　　　表 10-1

序号	考核项目	允许偏差	评分标准	满分	检测点					得分
					1	2	3	4	5	
1	知道要点		依据上述指导要点，每差一项扣 3 分	15						
2	操作工艺		指导初、中级工按照工艺流程操作。符合工艺标准满分；不符合工艺标准酌情扣分	15						
3	墙、柱表面平整度	5mm	允许偏差 5mm，超过 5mm，每处扣 1 分；3 处以上或一处超过 10mm 无分	10						
4	墙面游丁走缝		允许偏差 20mm，超过 20mm，每处扣 1 分；3 处以上及一处超过 35mm 不得分	10						

序号	考核项目	允许偏差	评分标准	满分	检测点					得分
					1	2	3	4	5	
5	水平灰缝厚度		10皮砖累计±8mm。超过者每处扣1分；3处以上及一处超过15mm者不得分	10						
6	水平灰饱满度		80%以上。小于80%者每处扣0.5分；5处以上者不得分	10						
7	小青瓦花饰组砌		花饰图案对称、均匀、美观为满分，否则酌情扣分	10						
8	安全、文明施工		发生工伤事故无分；活完场不清无分	10						
9	工效		按时完成满分，超过规定时间40min无分；提前完成酌情加分，超时在40min之内，酌情扣分	10						